日本经典技能系列丛书

硬质合金刀具常识及使用方法

(日)梅沢三造　菅野成行 **编著**

王洪波　戎圭明 **译**

机械工业出版社

本书是一本关于硬质合金刀具知识的入门指导书，对硬质合金类刀具如车刀、铣刀、钻头、铰刀等的形状、用途、选择标准及使用条件等进行了说明。主要内容包括：构成硬质合金刀具的各个要素，硬质合金刀具的种类，硬质合金刀具的基础知识，刀具的损伤及其对策，以及加工中发生的故障及解决方法。

本书可供操作工人入门培训使用，还可作为设计人员和相关专业师生的参考用书。

"GINO BOOKS 9: CHOKOKOGU NO KANDOKORO"
written and compiled by SANZO UMEZAWA and SHIGEYUKI KANNO
Copyright © Taiga Shuppan, 1972
All rights reserved.
First published in Japan in 1972 by Taiga Shuppan, Tokyo
This Simplified Chinese edition is published by arrangement with Taiga Shuppan, Tokyo in care of Tuttle-Mori Agency, Inc., Tokyo

本书版权登记号：图字：01-2007-2345 号

图书在版编目（CIP）数据

硬质合金刀具常识及使用方法/（日）梅沢三造，菅野成行编著；王洪波，戎圭明译. —北京：机械工业出版社，2009.5（2023.6 重印）
（日本经典技能系列丛书）
ISBN 978-7-111-26914-4

Ⅰ. 硬… Ⅱ. ①梅…②菅…③王…④戎… Ⅲ. 硬质合金车刀—基本知识 Ⅳ. TG711

中国版本图书馆 CIP 数据核字（2009）第 061300 号

机械工业出版社（北京市百万庄大街22号　邮政编码100037）
策划编辑：王晓洁　王英杰　责任编辑：赵磊磊
版式设计：霍永明　　　　　责任校对：陈立辉
封面设计：鞠　杨　　　　　责任印制：任维东
北京中兴印刷有限公司印刷
2023 年 6 月第 1 版第 9 次印刷
182mm×206mm · 6.833 印张 · 190 千字
标准书号：ISBN 978-7-111-26914-4
定价：35.00 元

凡购本书，如有缺页、倒页、脱页，由本社发行部调换
电话服务　　　　　　　　　网络服务
社服务中心：(010)88361066　门户网：http://www.cmpbook.com
销 售 一 部：(010)68326294
销 售 二 部：(010)88379649　教材网：http://www.cmpedu.com
读者购书热线：(010)88379203　封面无防伪标均为盗版

出版说明

　　为了吸收发达国家职业技能培训在教学内容和方式上的成功经验，我们引进了日本大河出版社的这套"技能系列丛书"，共 17 本。

　　该丛书主要针对实际生产的需要和疑难问题，通过大量操作实例、正反对比形象地介绍了每个领域最重要的知识和技能。该丛书为日本机电类的长期畅销图书，也是工人入门培训的经典用书，适合初级工人自学和培训，从 20 世纪 70 年代出版以来，已经多次再版。在翻译成中文时，我们力求保持原版图书的精华和风格，图书版式基本与原版图书一致，将涉及日本技术标准的部分按照中国的标准及习惯进行了适当改造，并按照中国现行标准、术语进行了注解，以方便中国读者阅读、使用。

目录

如今，不使用硬质合金刀具已无法适应日益提高的机械加工技术要求。在切削工具中占有极大比例的硬质合金刀具，正被广泛应用于各行业。

　　尽管如此，也并非在所有应用硬质合金刀具的场合，人们的使用方法都无需改进。本书从硬质合金刀具的基本常识开始阐述，告诉读者在不同的情况下如何正确使用各种硬质合金刀具，并使读者确认自己的操作方法是否符合规范。正如本书的标题所述，这是一本关于硬质合金刀具常识及使用方法的书。

构成硬质合金刀具的各个要素

硬质合金刀片的损伤规律

硬质合金刀片作为刀具，具有以下 4 个重要的性质：

1）高温时硬度也不会降低。

2）长时间使用也不会被磨损。

3）受到高压也不会变形或碎裂。

4）将其加工成很尖锐的切削刃形状，也不会弯曲变形。

用相同材料制成的硬质合金刀片，如果切削速度不同，

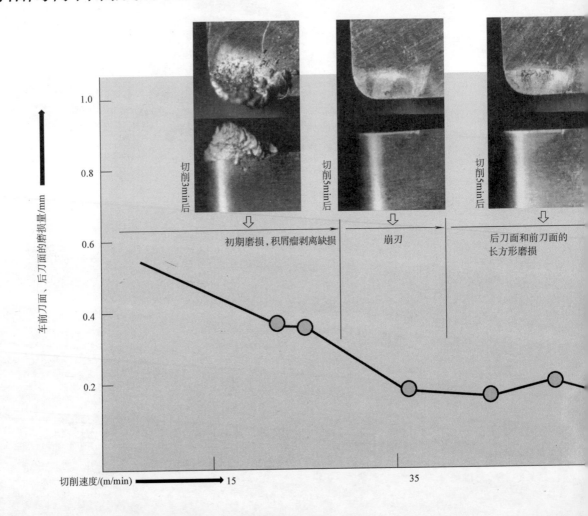

切削3min后　　切削5min后　　切削5min后

初期磨损，积屑瘤剥离缺损　　崩刃　　后刀面和前刀面的长方形磨损

车前刀面，后刀面的磨损量/mm

切削速度/(m/min)　　15　　35

然而，如果使用方法或用途有误，即使具有这些超群性能的硬质合金刀片也会变得面目全非而让你觉得不可思议。特别要提到的是，它对切削速度很敏感。

比如说，如本页上的图所示，让切削速度从15m/min开始慢慢地增加，我们可以看到刀具的损伤状况有很大的变化。

对这个损伤规律（切削刃损伤）有了充分的理解后再使用刀具是十分必要的。因为我们只有充分掌握了硬质合金刀片切削刃的损伤规律，才能成功地进行各种工件的加工。

切削刃的磨损状况也不同

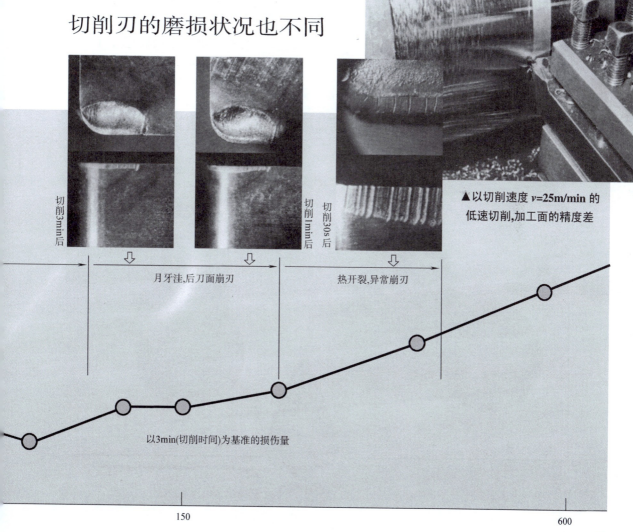

切削3min后

切削1min后

切削30s后

▲以切削速度 $v=25m/min$ 的低速切削,加工面的精度差

月牙洼,后刀面崩刃

热开裂,异常崩刃

以3min(切削时间)为基准的损伤量

150

600

7

切削刃的损伤及其分类

硬质合金刀片的损伤可以大致分成以下三种状况：

1）月牙洼、热裂：主要原因是切削时温度太高。

2）崩刃、卷刃或缺口：由刀体的韧度不够或是机床的回转不平稳（各零件之间存在配合间隙）而引起。

3）磨损：即由切削刃细小的碎粒引起的刮擦损耗，由刀具和被加工材料的接触而引起。

为了防止和减少这些损伤，重要的是要注意做到以下几点：

对于月牙洼和热裂，要使用高温性能好的含有大量碳化钛或碳化钽的材料；对于崩刃、卷刃或缺口，要强化材料中粒子的保持力，那就要用钴含量多的材料；对于切削刃损耗，就得增加钨的含量了。

本页的图所示为上述几种切削刃损伤的典型例子。由于高压以及热熔融而发生的粘结往往引起切削刃的缺损，故一定要选择适当的切削速度。

多

为防止月牙洼的产生增加碳化钛、碳化钽的含量

碳化钽、碳化钛的含量

钴的含量

多

为防止崩刃、卷刃，增加钴的含量

刀片材料种类的名称

以东芝 Tungaloy 株式会社的产品为例，不容易产生月牙洼及热裂的工具钢为 TX 系列。特别是对于热裂，推荐使用 TU 系列。

另外，如果既要防止月牙洼及热裂，又要避免崩刃、卷刃或缺口，可采用 TU 系列。

如果只有切削刃损耗问题，可以用 C 系列以及 TH 系列。

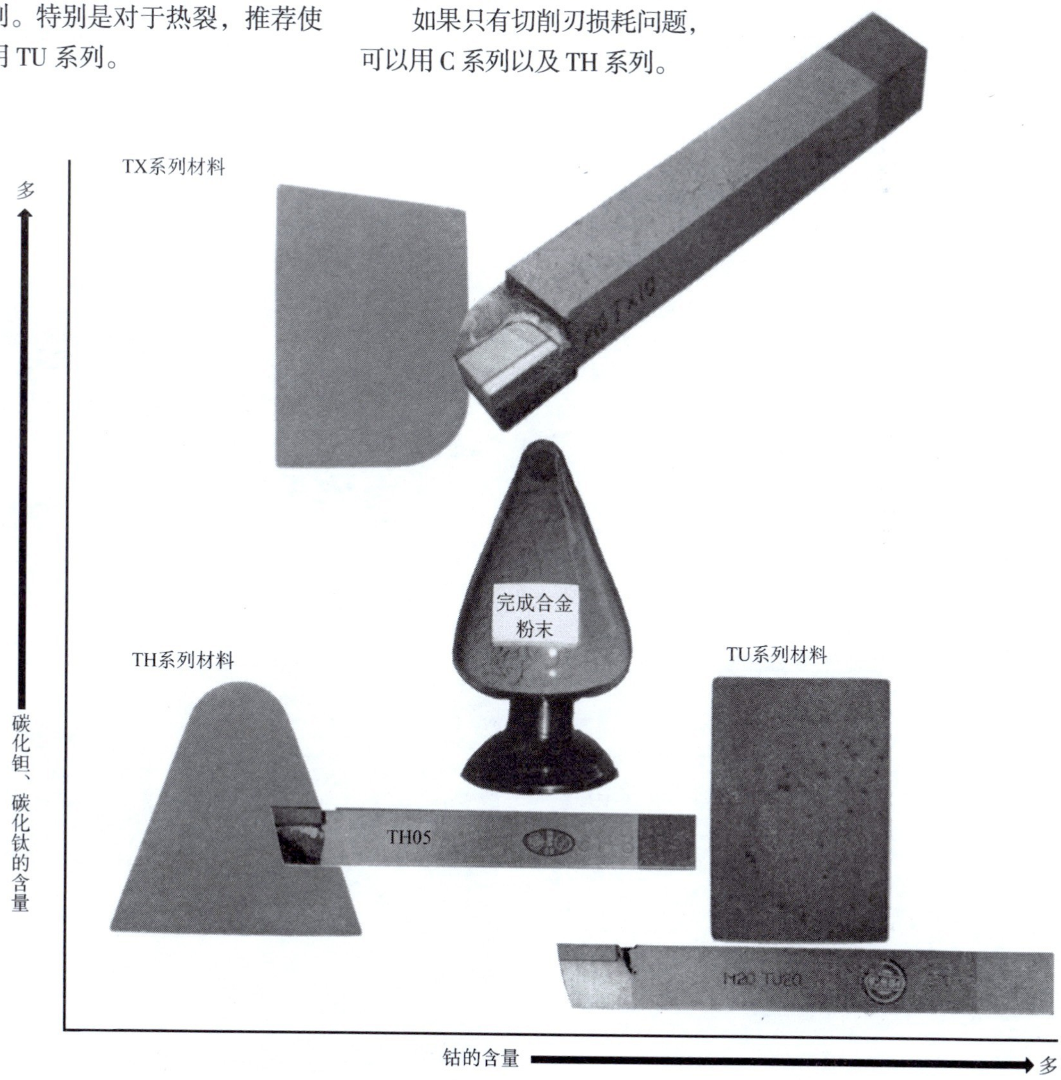

TX系列材料

TH系列材料

完成合金粉末

TU系列材料

多

碳化钽、碳化钛的含量

TH05

M20 TU20

钴的含量 ————▶ 多

JIS（日本工业标准）

JIS B 4053—1998 规定了硬质合金刀片的选择标准。为了方便查找，在 JIS 中将硬质合金刀片按用途进行分类，其中部分例子如下表所示：

P 用途的材料

型号	加工材料	切削方式	工作条件	切削状况	Tungaloy 的对应材料
P01	钢、铸钢	精密车削，精密镗削	用于高速、切削面积小、被加工面的尺寸精度及表面粗糙度要求高的场合。但要求在无振动的条件下工作		TX05
P10	钢、铸钢	车削，仿形切削，攻螺纹，铣削精加工	用于高速或中速、小到中等切削面积且工作条件比较好的场合，不能产生热熔融粘结及月牙洼。也可用于进行不频繁的精密镗削加工		TX10

10

规定的硬质合金刀片

型号	加工材料	切削方式	工作条件	切削状况	Tungaloy 的对应材料
P20	钢、铸钢、不锈钢、可锻铸铁(切屑可呈长条形的)	车削,仿形切削,铣削,刨削	用于中速、中等切削面积时,是 P 系列中最常用的,也可用于粗加工。可用于工作条件比较好的铣削。用于刨削时则适合小面积的切削。也适用于不锈钢的精加工		TX20
P30	钢、铸钢、不锈钢、可锻铸铁(切屑可呈长条形的)	车削,铣削,刨削,成形切削	用于中低速、中等到大的切削面积时,一般适用于粗加工。用在表面条件比较差,硬度和背吃刀量有变化等不良的工作条件下,以及用在工作条件比较好的刨削时	TX30 	
P40	钢、铸钢	车削,铣削,刨削,成形切削	用于低速、大切削面积时,在最差的工作条件下切削和加工高速钢具有同样要求时,以及采用较大的前角时		TX40

11

M 用途的材料

型号	加工材料	切削方式	工 作 条 件	切 削 状 况	Tungaloy 的对应材料
M10	钢、铸钢、铸铁	车削	用于高速或中速、小到中等切削面积时，要求钢和铸铁并用，且工作条件比较好。适用于中等速度的精密镗削加工，也适用于螺纹加工		
	高锰钢、合金铸铁、不锈钢、加制铸铁(meehanite case iron)、球墨铸铁、奥氏体钢	车削	用于高速或中速、小到中等切削面积时，要求工作条件比较好		TU10
M20	钢、铸钢、铸铁	车削，铣削	用于中速、中等切削面积时，要求钢和铸铁并用，且工作条件比较差		
	高锰钢、合金铸铁、不锈钢、加制铸铁(meehanite case iron)、球墨铸铁、奥氏体钢	车削，铣削	用于中速、中等切削面积时，对工作条件要求不高。当工作条件比较好的时候可采用大的前角。也可用于大切削用的切削		TU20
M30	钢、铸钢、铸铁、奥氏体钢、特种铸铁、耐热合金	车削，铣削，刨削	用于中速、中等到大的切削面积时。可用于加工有黑皮、砂眼、焊缝等的毛坯		
M40	易切削钢、拉伸强度低的钢、轻合金、非铁金属	车削，成形切削，刨削	用于低速、中等到大的切削面积时，可用于加工有黑皮、断续部分、砂眼、焊缝等的毛坯。用于采用大的前角以及复杂的切削刃形状时		TU40

K 用途的材料

K30、G3 不常用，在此省略

型号	加工材料	切削方式	工作条件	切削状况	Tungaloy 的对应材料
K01	铸铁	精密车削，精密镗削，精密铣削加工	用于高速、切削面积较小时，要求工作时无振动		
	冷淬铸铁、硬度高的铸铁、淬火钢	车削	用于超低速、切削面积较小时。要求工作时无振动		TH03
	高硅铝、石墨、硬纸、陶瓷、石棉		无振动的工作条件下		
K10	高于220HBW的灰铸铁，切屑为非连续状态的可锻铸铁	车削，铣削，镗削，拉削，铰削精加工	用于中速、小到中等切削面积时，要求工作时没有振动		
	淬火钢	车削	用于低速、切削面积较小时，要求工作时没有振动。		TH10
	硬质铜合金、玻璃、硬质橡胶、陶瓷、合成树脂	车削，铣削，刨削，攻螺纹，铰削精加工	用于相对无振动的场合		
K20	低于220HBW的铸铁	车削，铣削，刨削，攻螺纹，铰削精加工	用于中速、中等到大的切削面积时，要求具有较强的韧性		G2
	铜以及铝合金等非铁金属，木材		用于对刀具的韧性要求较高时		

13

合适的材料

日本有三大生产硬质合金刀具的公司，即东芝 Tungaloy（简称 Tungaloy）、住友电气工业（简称 Igetaloy）和三菱金属矿业（简称 Diatitanit）。对应于 JIS 进行分类，这三个公司所推荐的材料如下表所示：

型号	Tungaloy	Igetaloy	Diatitanit
P10	TX10D TX10S	ST10P	STi10T
P20	TX20	ST20E	STi20
P30	TX25 UX30	A30 ST30E	UTi20T
P40	TX40	ST40E	STi40T
M10	TU10	U10E	UTi10T
M20	TU20	U2	UTi20T
M30	UX25 UX30	A30	UTi30T
M40	TU40	A40	
K01		H2 H1	HTi05T
K03	TH03		UTi10T
K10	TH10 GIF,G2F	H10E G10E	HTi10
K20	G2	G2	UTi20T
K30	G3		

硬质合金刀片材料

主要成分同样为碳化钨的刀片材料中，粒子非常微小的种类通常被称为微合金。它通常被称为微合金，是能用于小型自动机床的车刀或是在小直径立铣床上进行 40~50m/min 低速切削的硬质合金材料。

最近风靡市场的是表面涂层硬质合金材料。在硬质合金刀片的表面涂覆约 1~2μm 厚的碳化钛、氮化钛或氧化铝层，其韧性与硬质合金材料相近，高温下的硬度则与合金陶瓷或陶瓷相近。

性能介于硬质合金刀片和陶瓷之间的材料是合金陶瓷（cermet），它是陶瓷（ceramic）和金属（metal）的合成语。其主成分为碳化钛，然后混入少量的氮化钛或是碳化钨，以镍或钼作为结合剂烧结而成。合金陶瓷的高温耐磨性能好，与铁的亲和能力低，故很适合用于高速精加工。

虽然陶瓷（主要成分为氧化铝）使用得不多，但在加工铸钢、铸铁时可以使用比一般硬质合金刀片高出 50%以上的切削速度。

现在，将立方氮化硼或人造钻石的细粉粒经高温、高压紧密地压成固体而制成刀片，其用量越来越大。前者称为 CBN 工具，后者称为烧结金刚砂工具。

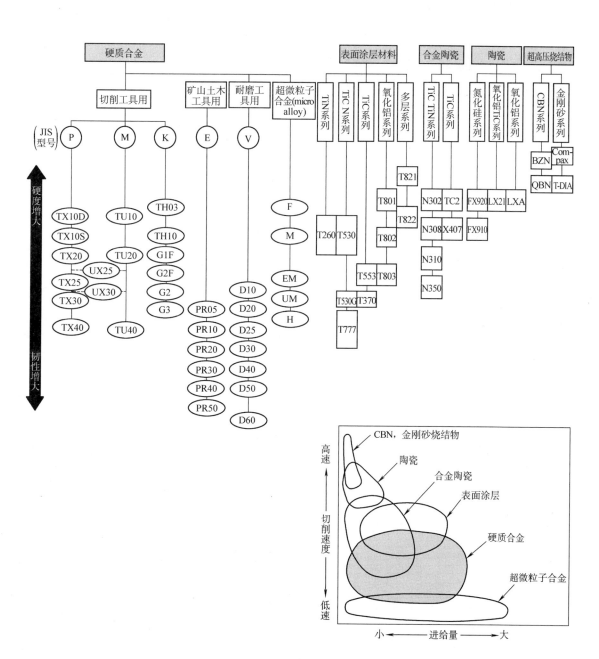

刀杆材料

▲6号=宽30mm×高35mm

● 车刀刀杆受到的切削阻力

切削低碳钢时假定其切削速度为 80m/min，背吃刀量为 5mm，进给量为 0.3mm/r 时，刀杆部分受到的切削阻力大致为 290kg/mm²，那么刀杆至少要选 25mm×25mm²，即第 4 号的尺寸。

图 1 所示为刀杆的材料选用 SK7 时刀杆的尺寸和切削力的关系。

一定要选择能充分承受这些力的相应大小的刀杆。

● 钎焊后刀杆的强度会减弱

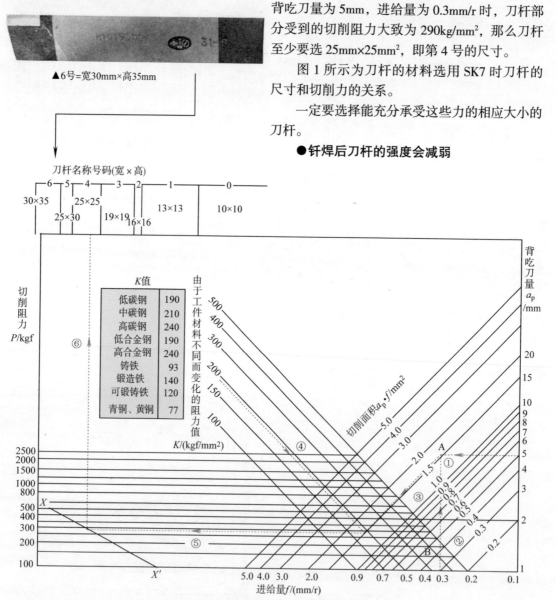

刀杆名称号码(宽 × 高)

| 6 | 5 | 4 | 3 | 2 | 1 | 0 |

30×35 25×25 13×13 10×10
25×30 19×19 16×16

切削阻力 P/kgf

K值

低碳钢	190
中碳钢	210
高碳钢	240
低合金钢	190
高合金钢	240
铸铁	93
锻造铁	140
可锻铸铁	120
青铜、黄铜	77

K/(kgf/mm²)

由于工件材料不同而变化的阻力值

背吃刀量 a_p /mm

切削面积 $a_p·f$ /mm²

进给量 f/(mm/r)

图 1　加工低碳钢时刀杆会受到如此大的阻力

16

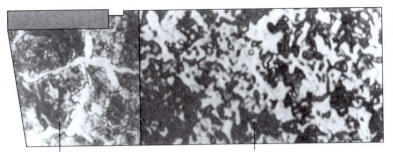

由于钎焊的加热，组织　　　　　　　　这个部分没有被加热，
变大，并且杂乱无序　　　　　　　　　保持正常的组织

图1　由于钎焊加热引起的组织变化

因为硬质合金刀片所用的刀杆一定要经过钎焊这道工序，在这道工序中会被加热，所以一定要预先选好与加热状态相适应的钢材组织再进行钎焊，而且一定要选择能够承受加热而不至于变得强度不够的刀杆材料。图1所示为材料S45C经受1min的加热后（约900°）其组织的变化情况。我们可以清楚地看到经加热后其组织变得杂乱无序。

所以，一定要记住尽可能在进行钎焊之前将钢材组织进行调整，使其适应钎焊的温度而不会劣化。

要使钢材变得坚固，可将其加热，然后用锤子充分地锤击使其组织变得细密，这是大家都知道的一般常识。然而反过来将组织已经变得细密的钢材再次加热，其组织又将发生变化，钢材反而会被软化。

●合适的刀杆材料组织

刀杆材料中碳元素、碳化物或是镍、钼等元素的含量不同，这些成分的组合方式也不同，因此材料的性能有很大区别。

所以我们一定要考虑到钎焊工序，即在经过此工序成为刀具后，刀杆材料要具有标准的组织状态，从而能够充分地发挥其性能，要以这个为原则来选择适当的刀杆材料。

●**常用的刀杆材料**

最常用的刀杆材料是碳素钢和碳素工具钢。在对刀身的刚性要求较高时使用合金钢和高速钢。对于各种不同的材料，如果进行适合其性能的预处理，可使其本来具有的性能不至于受到损坏。

图2所示是将常用的刀杆材料分门别类列出来供大家参考。

S45C·S55C	SK5·SK6·SK7	SCM440·SKH51·SKH4·VM 钢
车刀类	车刀类、铣刀类	夹持器类、铣刀类

图2　常用的刀杆材料

钎焊材料

●钎焊后，有无剥离现象

钎焊和焊接不同，它是将同类或异类的金属不经过融化而直接结合的一种加工方式，加工时使用的是被称为钎材的非铁金属材料。

用作钎材的材料必须具有比被结合的金属（刀片、刀杆）低的熔融点，并且经受切削热也不会被软化。

另外，不管用多么好的钎材，一定要保证其和被结合材料连接得非常牢固，换句话说，如果不使用与被结合材料具有亲和性的钎材，钎焊后的刀具在切削加工时，用不了多久刀片就会从刀杆上分离下来。

表示钎材亲和性的指标为钎材的"融合性"。作为融合性的例子，我们将水和油分

使用融合性好的钎材

▲塑料板上的水滴：融合性差

▲塑料板上的油：融合性好

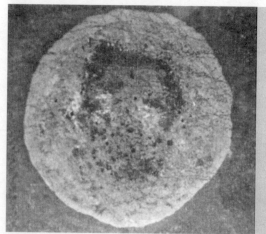

▲融合性好的钎材（钎材的扩散性好）

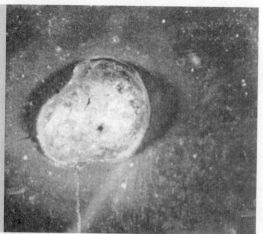

▲融合性差的钎材（钎材呈小圆粒状）

18

别涂在塑料板上进行试验。可以看到水呈大而圆的珠子状，说明它的融合性差；而油则在塑料板上平平地铺展开，这说明油的融合性好。

● **用作钎材的材料**

最近由于大量使用了某种刚性强的刀杆材料，故常常发生钎焊剥离的问题。不考虑这个特殊情况，一般常用的是铜钎和银钎。

铜钎的熔点很高，它用于车刀较大或冲切等容易因切削热而发生钎焊剥离的场合。一般情况下还是银钎用得多。

● **钎焊部分有无发黑现象**

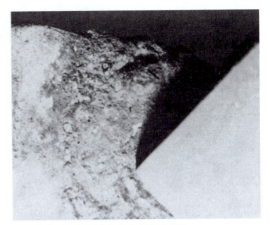

▲由于温度过高而被氧化的钎焊面

将刀杆材料加热后，被加热部分会出现黑色的伞状纹，原因是发生了氧化。在这样的状况下，如果将其作为结合面，不能期望钎焊会很牢固。

为防止发生氧化而使钎焊能顺利进行，要使用钎剂。但即使用了钎剂，也不能保证不管温度多高都没关系。如果温度太高同样也会发黑。

▲银钎   ▲钎剂

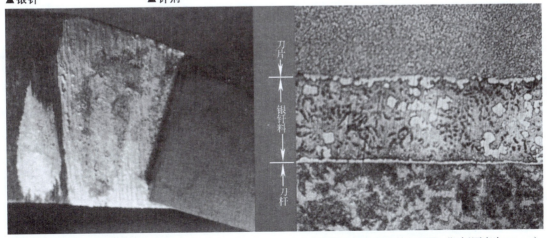

▲正常完成的钎焊面

刀片
银钎料
刀杆

▲左图所示钎焊部分的剖面图（银钎厚度为 0.1mm）

19

硬质合金刀片的研磨

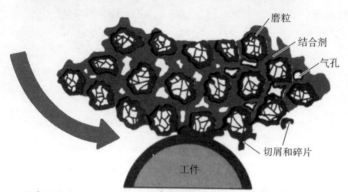

磨粒

结合剂

气孔

切屑和碎片

工件

研磨示意图

▲用 GC 磨料进行硬质合金刀片的研磨

硬质合金刀片的硬度为93HRA，仅次于钻石，因而不是任何磨料都可以用来进行研磨的。特别是它与钢材的情况不同，与其说是磨料的磨粒将刀片的粒子层层削去，不如说是磨料将刀片的粒子一点点敲下来。

一般在粗研磨时使用被称作绿色碳化硅的磨料，精研磨时使用金刚砂磨料，这是由刀片的性质所决定的，必须这样做。

通常使用碳化硅系列的绿色碳化硅磨料来研磨刀片。如果刀杆材料也被研磨，或是研磨时压力过大，磨料会发生气孔堵塞现象，从而使硬质合金刀片变得过度赤热化。由于这个原因，刀片内常会发生裂缝。必须注意这个问题。

选择磨料时，尽量挑选比较软并且有很多气孔的材料，必须记住这两点。

根据结合剂的不同，可将金刚砂磨料分为热固性结合剂型(resinoid bond，型号为 B)、金属剂型(metal bond，型号为 M)和陶瓷结合剂型(vitrified bond，型号为 V)三类。一般在研磨时应该使用热固性结合剂型。

▲GC 磨料（绿色）

▲金刚砂磨料（最外层）。B 是指热固性结合剂型

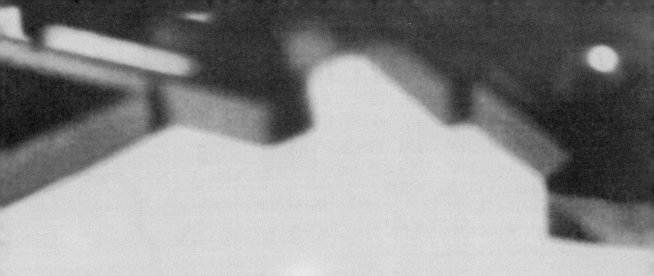

硬质合金刀具的制造过程

硬质合金刀片的制造过程 ①

硬质合金刀片不像铸造物或钢那样由矿石熔化后注入模子成形，或由锻造成形，而是将达到3000℃以上才会熔化的碳化粉末(碳化钨粉、碳化钛粉、碳化钽粉等)加热到一千多摄氏度使其烧结而成。

为使这种碳化物的结合更加牢固，使用钴粉作为结合剂。在高温、高压作用下，碳化物和钴粉相互间的亲和作用会增强，从而

渐渐成形，这种现象叫做烧结。因为使用的是粉末，所以这种方法被称为粉末冶金法。

如表所示，因目的、用途不同，相应原材料各成分的含量也不同。

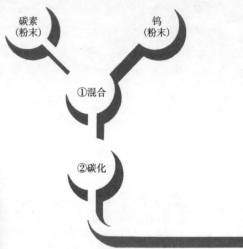

碳素（粉末）　钨（粉末）

①混合

②碳化

▲用球磨机（ball mill）将 W 粉末和 C 粉末混合

▲将 W 粉末和 C 粉末的混合粉末进行碳化制成 WC 粉末

▲颗粒大小为几微米的微细材料

▲已被碳化的 WC 粉末

从混合到成形

▼ 硬质合金刀片各成分的质量分数

牌号	硬度 HRA	抗弯强度 /(kgf/mm²)	$\omega(W)$ （钨）	$\omega(Co)$ （钴）	$\omega(Ti)$ （钛）	$\omega(Ta)$ （钽）	$\omega(C)$ （碳）
P 10	>91	>90	50%~80%	4%~9%	8%~20%	0%~20%	7%~10%
P 20	>90	>110	60%~83%	5%~10%	5%~15%	0%~15%	6%~9%
M 10	>91	>100	70%~86%	4%~9%	3%~11%	0%~11%	6%~8%
M 20	>90	>110	70%~86%	5%~11%	2%~10%	0%~10%	5%~8%
K 10	>90.5	>120	84%~90%	4%~7%	0%~1%	0%~2%	5%~6%
K 20	>89	>140	83%~89%	5%~8%	0%~1%	0%~2%	5%~6%

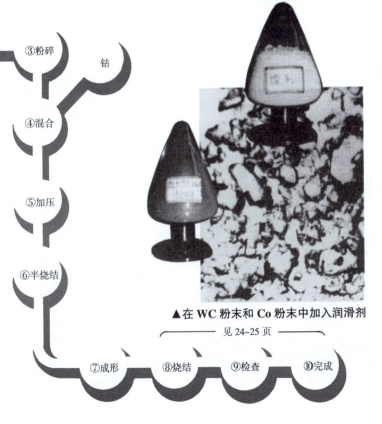

③粉碎　　钴

④混合

⑤加压

⑥半烧结

▲在 WC 粉末和 Co 粉末中加入润滑剂

见 24~25 页

⑦成形　⑧烧结　⑨检查　⑩完成

▲刀片的成形

▲已成形的刀片锭

硬质合金刀片的制造过程②

成形后进行烧结。下面为烧结工序的全过程。

1) 将粉碎得非常细密的碳化钨粉末和钴粉末按需要的形状加压，这时金属粒子互相连接在一起，但是结合得不是很紧密，只要稍受点力就会粉碎。

2) 已经成形的粉末块粒子随着温度的升高，连接程度渐渐加强，如图①、图②、图③所示，在700~800℃时粒子的结合还很脆弱，粒子之间的空隙还很多，随处可见。这些空隙称作空孔，即图中所示的黑色部分。

3) 加热温度上升到900~1000℃时，如图④、图⑤所示，粒子之间的空隙减少，呈线状的黑色部分几乎消失，只剩下大块的黑色部分。

4) 温度慢慢接近1100~1300℃（即通常的烧结温度）时，空隙进一步减少，如图⑥、图⑦所示，粒子之间的结合变得更为强固。

5) 烧结工序完成时，刀片中的碳化钨粒子呈小的多角形，在其周围可见到白色的物质，那就是钴。

烧结完成的刀片组织是以钴为基底，上面布满了碳化钨粒子。粒子的大小、形状以及钴层的厚薄不同，则硬质合金刀片的性质也大不相同。

▲将刀片锭置于碳板，放入烧结炉中

▼表示微细粒子被加压成形，呈互相结合状态的模式图

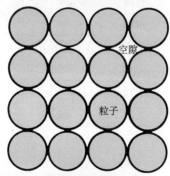

空隙

粒子

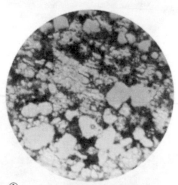

①

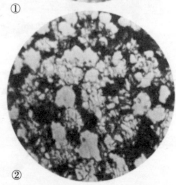

②

24

烧结工序完成的过程

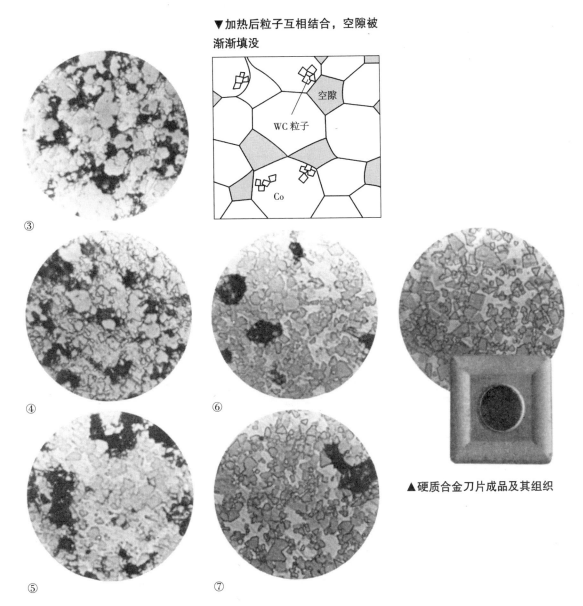

▼加热后粒子互相结合，空隙被渐渐填没

空隙

WC 粒子

Co

③

④

⑤

⑥

⑦

▲硬质合金刀片成品及其组织

硬质合金车刀的制造过程 ①

▲工厂里准备好的刀杆原材料

▲用锯床将刀杆材料切断

关于车刀刀杆材料的选择已经在第 16 页讲过，即要充分发挥材料的特性，同时为了让刀片能顺利地钎焊，也要注意刀片座加工的精度和平坦度。关于钎焊的温度，也应注意不要加热到所规定的温度以上，否则会使刀杆变软，钎材劣化。

①刀杆原材料

②切断材料

③切削刃部分的锻造

④用铣床加工

▲切削刃部分的锻造

从原材料到钎焊

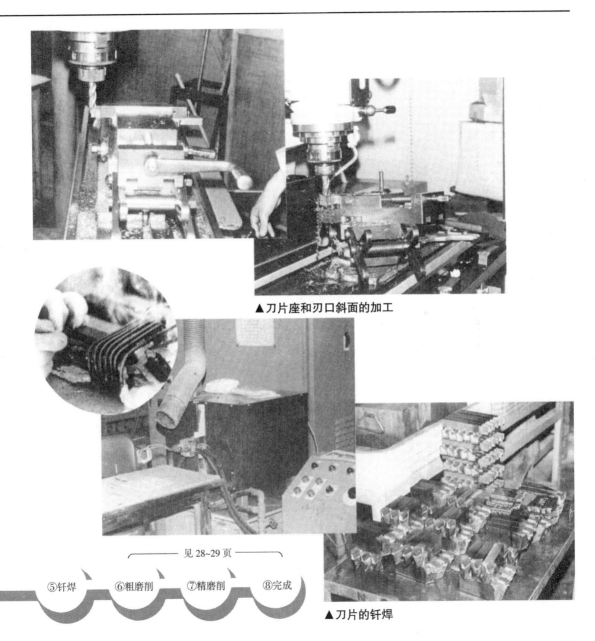

▲刀片座和刃口斜面的加工

见 28~29 页

⑤钎焊　⑥粗磨削　⑦精磨削　⑧完成

▲刀片的钎焊

硬质合金车刀的制造过程 ②

切削加工的最后一道工序是研磨。能否使硬质合金刀片的性能充分地发挥出来取决于研磨的水平，这么说一点也不过分。一定要小心地进行加工，绝对不能产生裂缝和切削刃的缺口。下面的图片是依照对硬质合金车刀进行研磨的顺序来排列的。

用 GC 磨料进行粗磨削

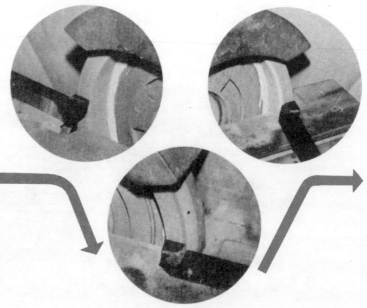

从研磨到完成

▲加工完成后等待最终外观加工（刷涂料）的车刀

用金刚砂磨料进行精研磨

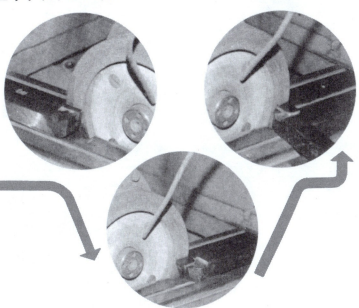

硬质合金铣刀的制造过程 ①

靠其自身的回转来加工工件的工具称为转削工具。我们所熟悉的装有硬质合金刀片的转削工具有侧面铣刀、空心立铣刀、双刃立铣刀和面铣刀等，这些工具的共同点是在圆柱形刀柄外周装有切削刀。

由于这些工具一直在不连续受力的恶劣条件下工作，所以一定要具有足够的刚性，并且考虑到要使切削过程中的切屑顺利排出，刀片槽的选择也很重要，在进行沟槽加工以及加工宽度比较大的工件时，需要选择大的刀片槽，或是考虑切屑的排出方向。

在此，主要以立铣刀的加工为例来介绍其制造过程。

①刀杆原材料

②切断材料

③切削刃部分的锻造

④用车床加工

⑤用铣床加工

▲和车刀不同，铣刀刀杆的原材料是圆棒

▲材料的切断

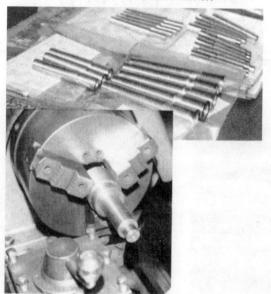

▲在对切削刃部分进行锻造加工后，用车床车出外形

30

从原材料到刀柄

▲用铣削方式加工出刀片座和刀片槽

见 32~35 页

⑥清除毛刺　⑦钎焊　⑧研磨　⑨完成

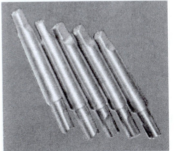

▲清除毛刺并洗净后的刀杆

硬质合金铣刀的制造过程②

先给刀杆涂上足够的钎剂，上面放置好钎材后再涂钎剂，然后放上硬质合金刀片，最后要把加热的部分全部涂上钎剂。无论采用什么样的加热方法，上述钎焊前的准备工作都是一样的。

对于小直径的立铣刀、切削刃比较长的铰刀，或者是将两个以上刀片镶合的立铣刀，先用金属丝将刀片固定在台座上，以防止在钎焊过程中刀片等物脱落。钎焊前的准备工作与上述相同。

然而加热方法差别很大。一般都是使高频电流通过各种形状的线圈（用铜管绕制而成）来进行加热，但是如果线圈的形状、大小不同，加热效果会有很明显的变化，要十分注意这点。

▲涂上钎剂，上面安置好钎材后放上硬质合金刀片

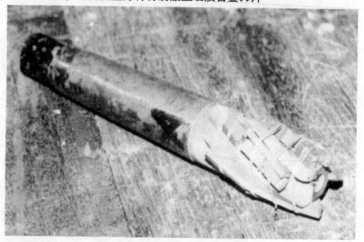

▲要将两个以上刀片镶合的立铣刀用金属丝捆住

钎焊

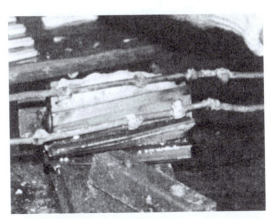

▲平铣刀的钎焊

▲三面刃铣刀的钎焊

▲立铣刀的钎焊

▲镶齿式面铣刀齿的钎焊

完成钎焊的三面刃铣刀和立铣
刀，下一步是研磨

硬质合金铣刀的制造过程 ③

钎焊完成后并且经过洗净处理的刀具先用 CG 磨料进行粗磨，然后用金刚砂磨料进行精磨。以侧面切削刀为例，对侧面切削刀进行一次装夹，用内磨床对内径、凸台进行磨削，然后以凸台为基准，用回转式平面研磨机决定侧面切削刀的高度。接下来再以凸台和内径为基准，进行外周、侧面、沟槽的研磨。

还有，对切削刃内面是在钎焊前进行研磨，还是在钎焊后用磨料进行研磨，要根据加工质量的要求来决定。一般来说是在钎焊后进行。

▲正在进行外周后面磨削的立铣刀

切削刃的研磨

▲用回转式平面研磨机决定三面刃铣刀的高度

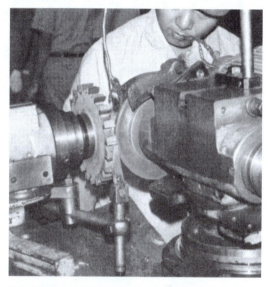

▲三面刃铣刀的侧面研磨

▲三面刃铣刀的外周研磨

▲三面刃铣刀的倒角研磨

关于硬质合金

在电视的料理节目中，常有"化学调味料几小调羹"的说法。这里指的是我们常称之为味精的东西，因为是商品名，所以称之为化学调味料。它正式的名称是谷氨酸苏打。

但是，一般来说制作化学调味料的公司有很多，故而牌号也很多，你会很自然地称它为味精而不会被误解。

但是硬质合金是 JIS 中规定的说法，要是追根寻源找历史上最有名的硬质合金商品名，那应该是 Tungaloy，它是东芝的硬质合金的商品名。

现在，住友电气工业的 Igetaloy 和三菱金属矿业的 Diatitanit 也很有名，然而还是常常听到 Tungaloy 的说法。就像味精是谷氨酸苏打的代名词那样，在机械工业中，Tungaloy 是硬质合金的代名词。

硬质合金刀具的种类

刀片的种类

硬质合金刀片大致可以分成两类：一是可以钎焊在刀杆上的刀片；二是用螺钉等固定在刀杆上即机械夹固式刀具用的刀片。

这里介绍钎焊用的刀片。在 JIS 中,刀片的形状有

01 型 (31、32、45 型用)

	A	B	C	R
0	10	6	3	4
1	13	9	3	5
2	16	11	4	5
3	19	13	5	5
4	22	15	6	8
5	25	17	7	8
6	30	20	8	8

03 型 (37、38、47 型用)

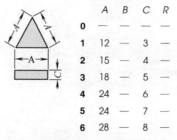

	A	B	C	R
0	—	—	—	—
1	12	—	3	—
2	15	—	4	—
3	18	—	5	—
4	24	—	6	—
5	24	—	7	—
6	28	—	—	—

05 型 (49、51 型用)

	A	B	C	R
0	—	—	—	—
1	5	8	3	—
2	6	10	4	—
3	7	12	5	—
4	9	16	6	—
5	10	18	7	—
6	11	20	6	—

02 型 (41、42 型用)

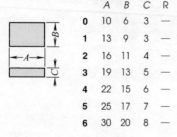

	A	B	C	R
0	10	6	3	—
1	13	9	4	—
2	16	11	4	—
3	19	13	5	—
4	22	15	6	—
5	25	17	7	—
6	30	20	8	—

04 型 (33、34 型用)

	A	B	C	R
0	10	6	3	4
1	13	9	3	5
2	16	11	4	5
3	19	13	5	5
4	22	15	6	8
5	25	17	7	8
6	30	20	8	8

06 型 (36、39、40 型用)

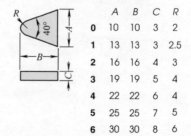

	A	B	C	R
0	10	10	3	2
1	13	13	3	2.5
2	16	16	4	3
3	19	19	5	4
4	22	22	4	4
5	25	25	7	5
6	30	30	8	6

11 种(从 01 型到 09 型,09 型为仿形车床用)。此外，也可根据刀片用途、各公司的标准和特殊形状的标准等进行分类。

对于各种类型的刀片，根据其大小还分为 0 号到 6 号。

07 型 (35 型用)

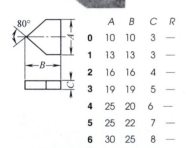

	A	B	C	R
0	10	10	3	—
1	13	13	3	—
2	16	16	4	—
3	19	19	5	—
4	25	20	6	—
5	25	22	7	—
6	30	25	8	—

09—J 型 (GF 用)

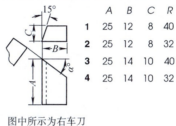

	A	B	C	R
1	25	12	8	40
2	25	12	8	32
3	25	14	10	40
4	25	14	10	32

图中所示为右车刀

09—C 型 (kazenevre 用)

	A	B	C	R
1	16	8	10	30

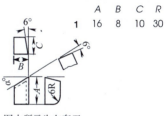

图中所示为左车刀

08 型 (43 型用)

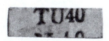

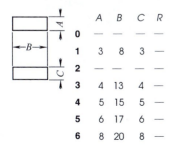

	A	B	C	R
0	—	—	—	—
1	3	8	3	—
2	—	—	—	—
3	4	13	4	—
4	5	15	5	—
5	6	17	6	—
6	8	20	8	—

09—E 型 (elicon 用)

	A	B	C	R
1	20	10	7	30

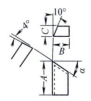

选择刀片的方法

分成 11 种型号的刀片，按其大小依次规定为 0 号到 6 号（见 38 页）。我们可以根据使用条件来决定使用哪一种刀片。为了选择方便，表示刀杆大小的公称号码和表示刀片大小的公称号码应是对应的。

对于自己制造的车刀或是在制造特殊形状的车刀时，要注意刀片的厚度和宽度与刀杆尺寸的平衡，否则在进行钎焊时由于热应力的影响，硬质合金刀片有可能会发生断裂或出现裂纹。

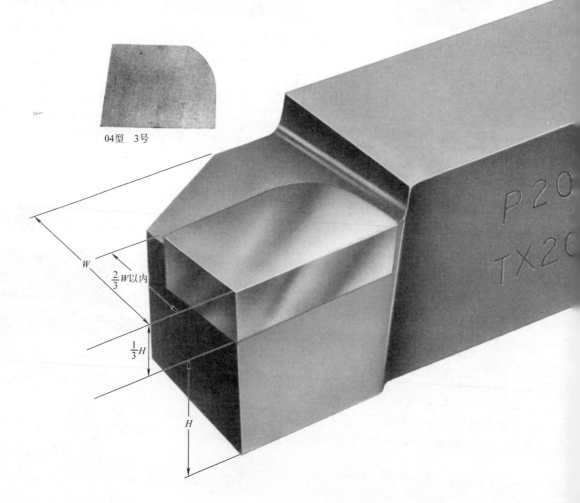

04型　3号

40

型号　　　　　刀杆公称号码　　　　刀杆的颜色 {P系列:蓝
　　　　　　　　　　　　　　　　　　　　　　　 M系列:黄
　　　　　　　　　　　　　　　　　　　　　　　 K系列:红

硬质合金刀片的厚度　（单位：mm）

背吃刀量	进给量 /(mm/r)			
	0.1 以下	0.1~0.2	0.2~0.5	0.5~1
<1	3	3	3	6
1~2	3	4	5	8
2~3	3	4	6	10
3~5	—		8	11
5~8	—		8	12

注：表中所列数据是在切削钢类材料时得出的。
　　切削非铁金属及非金属材料时所使用的数据
　　为表中数据的80%。

如图所示，04 型的刀片使用 33 型（右车刀）或 34 型（左车刀）的刀杆。公称号码为 3 的刀杆对应 3 号刀片，也就是说，04-3（刀片）和 33-3（刀杆）是配对的。

还有，3 号标准刀片的长度为 19mm，宽为 13mm，厚为 5mm，参见 38 页。

机械夹固式刀具用的刀片(可

机械夹固式刀具所用刀片的规格由 CIS （日本硬质合金刀具协会规格）规定。

这些刀片在形状、后角、精度、有无孔穴等方面都有所不同。此外，还可根据它们的大小、有无进行珩磨来分类。

可转位刀片在外观上的区别

形状上具有代表性的三角形刀片和四角形刀片

刀尖圆弧半径有所不同 （左为R0.4，右为 R1.2）

精度上具有代表性的 P 级刀片 （左）和 U 级刀片 （右）

转位刀片）

下面举一些有代表性的例子。

在加工时，从这些刀片中选择与作业条件相符的种类是基本原则。从已有的种类中

找不到合适的，就选用特殊刀片。特殊刀片也有很多种类。

特殊刀片

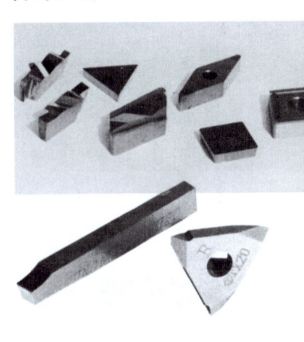

具有代表性的后角为负角的类型（上）和后角为正角的类型（下）

具有代表性的有孔刀片（上）和无孔刀片（下）

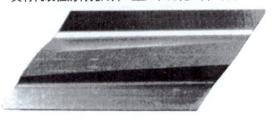

43

可转位刀片的规格

形　状	记　号
正六角形	H
正八角形	O
正五角形	P
圆形	R
正方形	S
正三角形	T
80° 菱形	C
55° 菱形	D
75° 菱形	E
86° 菱形	M
50° 菱形	F
长方形	L
85° 平行四边形	A
82° 平行四边形	B
55° 平行四边形	K

①形状记号

	公差 /mm		
	角的高度	厚度	内切圆直径
A	± 0.005	± 0.025	± 0.025
F	± 0.005	± 0.025	± 0.013
C	+0.013	± 0.025	± 0.025
H	± 0.013	± 0.025	± 0.013
E	± 0.025	± 0.025	± 0.025
G	± 0.025	± 0.13	± 0.025
J	± 0.05	± 0.13	± 0.05
K	± 0.013	± 0.025	± 0.05~ ± 0.13
L	± 0.025	± 0.025	± 0.05~ ± 0.13
M	± 0.08~ ± 0.18	± 0.13	± 0.05~ ± 0.13
U	± 0.13~ ± 0.38	± 0.13	± 0.08~ ± 0.25

③精度记号

①　②　③　④

T N U G

②后角记号

后角 /°	记　号
3	A
5	B
7	C
15	D
20	E
25	F
30	G
0	N
11	P

④沟槽 (断屑槽)、孔记号

有无沟槽	有无孔	内切圆大小 /mm	记　号
无	无	＞6.35	N
		＜6.35	E
有	无	＞6.35	F
		＜6.35	L
一边有	无	＞6.35	R
		＜6.35	S
无	有	＞6.35	A
		＜6.35	D
有	有	＞6.35	G
		＜6.35	K
一边有	有	＞6.35	M
		＜6.35	P

内切圆直径 /mm	记 号	
	普通系列	小型系列
3.969	—	5
4.762	—	6
5.556	—	7
6.350	2	(8)
7.938	—	0
9.525	3	—
12.700	4	—
15.875	5	—
19.050	6	—
22.225	7	—
25.400	8	—
31.750	0	—

对长方形和平行四边形来说取其对边距离大的

⑤内切圆记号

角	记 号
尖角	V
0.2	0
0.4	1
0.8	2
1.2	3
1.6	4
2.0	5
2.4	6
2.8	7
3.2	8
平倒角	Z
圆形刀片	·

⑦刀尖记号

▲大小以内切圆的直径来表示

⑤ ⑥ ⑦ ⑧ ⑨

3.3 2 E N

⑥厚度记号

厚度 /mm	记 号	
	内切圆直径不到 6.35mm	内切圆直径在 6.35mm 以上
1.6	2	—
2.4	3	—
3.2	4	2
4.0	5	—
4.8	6	3
5.4	—	4
7.9	—	5
9.5	—	6

⑧主切削刃记号

预先珩磨状况	记 号	左右区别	记 号
锐边	F	无	N
圆珩磨刃	E	右	R
倒角珩磨刃	T	左	L
组合珩磨刃	S		

⑨其他记号

为任意的标记或数字

45

硬质合金车刀

在硬质合金刀具中，硬质合金车刀用得最为广泛，其种类也相当多。车刀大致可分为以下3类：

1）用钎焊的方式将硬质合金刀片固定在钢制刀杆上的钎焊车刀。

2）将钎焊车刀（硬质合金刀片钎焊在钢制刀杆上）固定在别的母材上来使用的母子车刀。

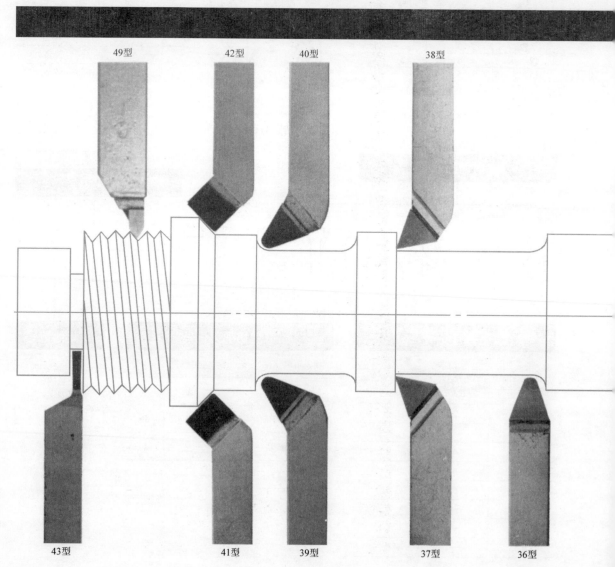

49型

42型

40型

38型

43型

41型

39型

37型

36型

3）用螺钉等将硬质合金刀片固定在钢制刀杆上的机夹式车刀。

在 JIS 中，钎焊车刀的型号是从 31 型到 52 型，加上仿形切削用的 91 型到 95 型，共计 26 种。此外，还有可以使机床的性能充分发挥出来的种类，比如说 HT 车刀、自动机床用车刀等。

在母子车刀中，有用于切削大型工件的车刀、镗刀和成形车刀，还有用于精密切削的精密车孔刀等。

▲转塔车床用 HT 车刀

▲自动机床用车刀

▲夹具镗削用车刀（母子车刀类）

▲镗孔用车刀（母子车刀类）

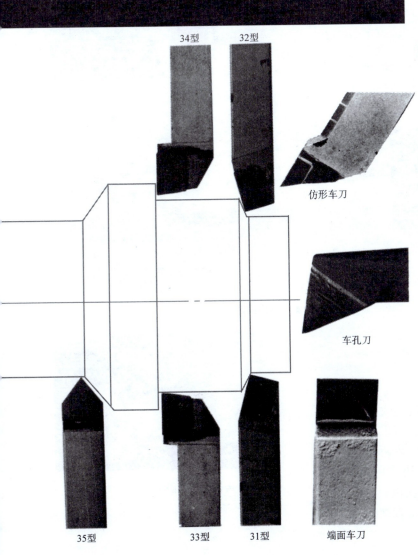

34型　32型　仿形车刀　车孔刀

35型　33型　31型　端面车刀

47

夹持器

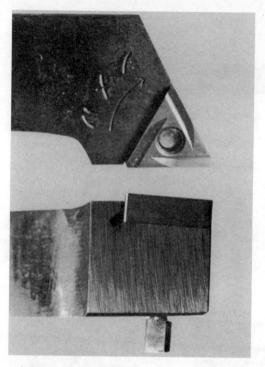

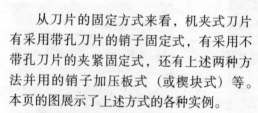

▲销子固定式（E 型刀座）

▲杠杆式固定

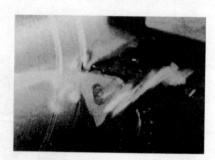

▲带槽销子式固定

从刀片的固定方式来看，机夹式刀片有采用带孔刀片的销子固定式，有采用不带孔刀片的夹紧固定式，还有上述两种方法并用的销子加压板式（或楔块式）等。本页的图展示了上述方式的各种实例。

在 CIS 制定的标准和日本工业标准中规定了各种车刀的名称和型号。

48

▲夹紧固定式：AN 型刀座

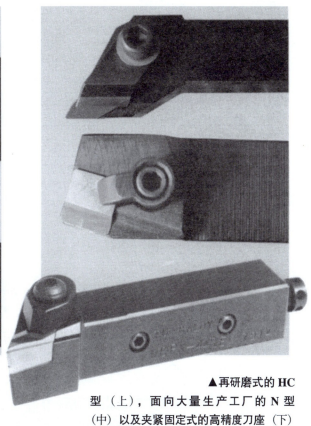

▲再研磨式的 HC
型（上），面向大量生产工厂的 N 型
（中）以及夹紧固定式的高精度刀座（下）

▲销子加压板式：偏心销子和压板的组合

夹持器的规格

无孔刀片用夹持器		带孔刀片用夹持器		切削示例图
记　号	草　图	记　号	草　图	
N 11 $_L^R$	15°	E 11 $_L^R$	15°	
N 12 $_L^R$	45°	E 12 $_L^R$	45°	
N 13 $_L^R$	30°	E 13 $_L^R$	30°	
N 14 M	45°	E 14 $_L^{R\ \ }$ M	45°	
N 15 $_L^R$	15°	E 15 $_L^R$	15°	
N 21 $_L^R$	0°	E 21 $_L^R$	0°	

无孔刀片用夹持器		带孔刀片用夹持器		切削示例图
记 号	草 图	记 号	草 图	
N 22 $\frac{R}{L}$	$0°$	E 22 $\frac{R}{L}$	$0°$	
N 23 $\frac{R}{L}$	$15°$	E 23 $\frac{R}{L}$	$15°$	
N 24 $\frac{R}{L}$	$30°$	E 24 $\frac{R}{L}$	$30°$	
N 25 $\frac{R}{L}$	$90°$	E 25 $\frac{R}{L}$	$90°$	
		E 26 M	$60°$ $60°$	
		E 27 $\frac{R}{L}$	$10°$ $20°$	

夹持器的形状

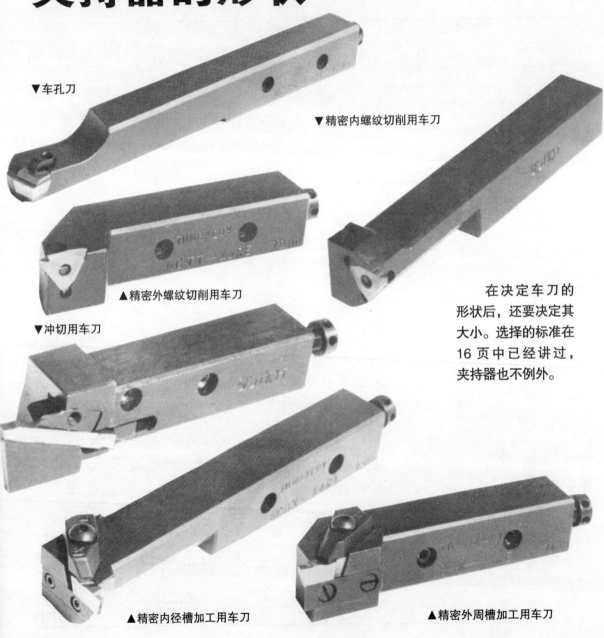

▼车孔刀

▼精密内螺纹切削用车刀

▲精密外螺纹切削用车刀

▼冲切用车刀

在决定车刀的形状后，还要决定其大小。选择的标准在16页中已经讲过，夹持器也不例外。

▲精密内径槽加工用车刀

▲精密外周槽加工用车刀

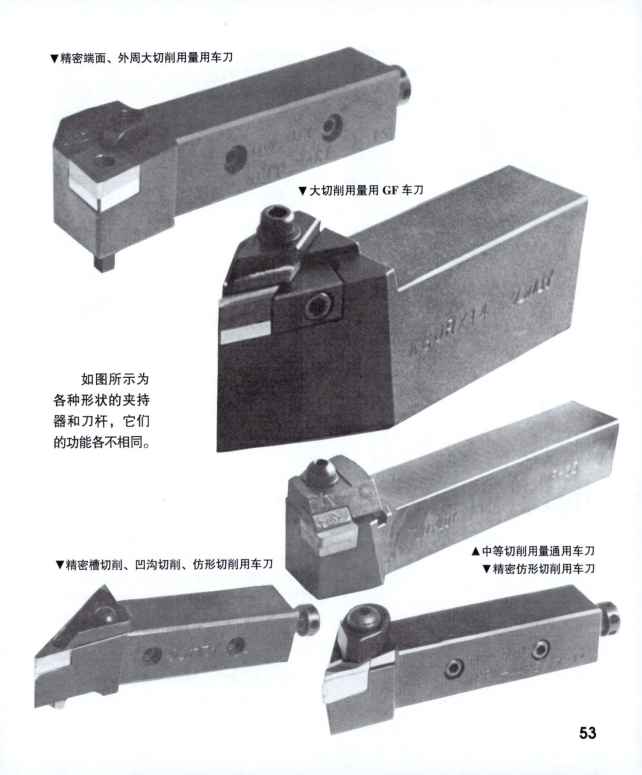

▼精密端面、外周大切削用量用车刀

▼大切削用量用 GF 车刀

如图所示为各种形状的夹持器和刀杆，它们的功能各不相同。

▼精密槽切削、凹沟切削、仿形切削用车刀

▲中等切削用量通用车刀
▼精密仿形切削用车刀

53

切削速度为 50m/min **1**

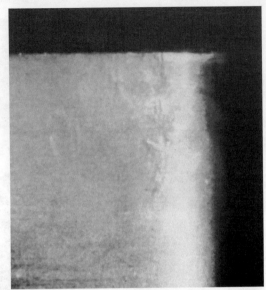

切削速度为 70m/min **2**

硬质合金车刀的切削速度

无论是钎焊式车刀还是机械夹固式车刀，根据其形状大小的不同，使用条件不相同；根据刀片材料的不同，使用条件也不相同。在 94~96 页中讲到了车削加工的条件。作为一个判断基准可以先以切削速度为例来说明。就是说，在高速切削时要特别注意条件的变更。

在高速切削时，刀具的寿命变化得很快。特别要提到的是，切削速度在 100m/min 以上时提高 20%~30%，和切削速度在 60~70m/min 时提高 20%~30%，看起来提高的百分比相同，但切削刃损伤程度的变化却大不相同。在高速切削时如果想提高效率，最好是增大进给量和背吃刀量。如图所示为在切削钢材（仿形切削）的情况下，用低速切削和用高速切削时切削刃损伤程度的差别，可以看出，高速切削时再提高速度的话，切削刃的损伤程度变化得更快。

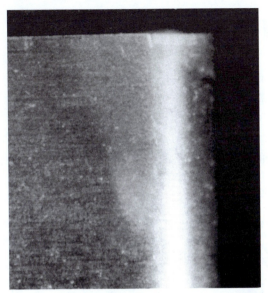

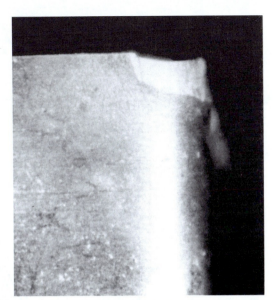

切削速度为 120m/min **3**

切削速度为 150m/min **4**

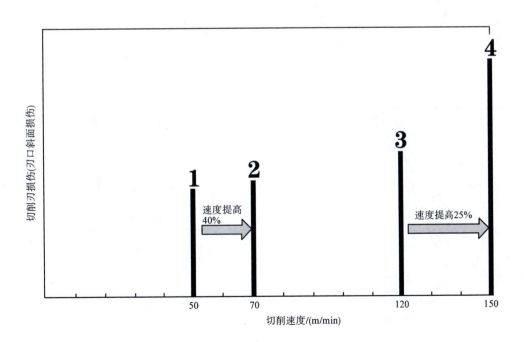

刀尖圆弧半径和加工面的关系

要提高加工面的质量，一般可以采用增大刀尖半径、使用切削液或提高切削速度等方法。

通常，在不发生振纹的情况下可以使用增大刀尖圆弧半径的方法。如左下图所示为根据刀尖圆弧半径和进给量计算出的表面粗糙度的理论值。实际应用时要比理论值降低30%左右。如右下图所示为刀尖圆弧半径分别为 0.4mm 和 1.2mm 时，加工完成后表面的状态。

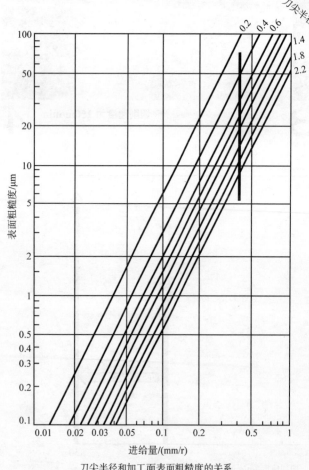

刀尖半径和加工面表面粗糙度的关系

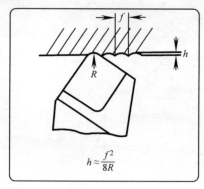

$$h \approx \frac{f^2}{8R}$$

▲刀尖有半径时

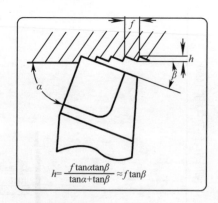

$$h = \frac{f\tan\alpha\tan\beta}{\tan\alpha+\tan\beta} \approx f\tan\beta$$

▲刀尖无半径时

刀尖半径的大小不同，对加工面精度的影响也不同

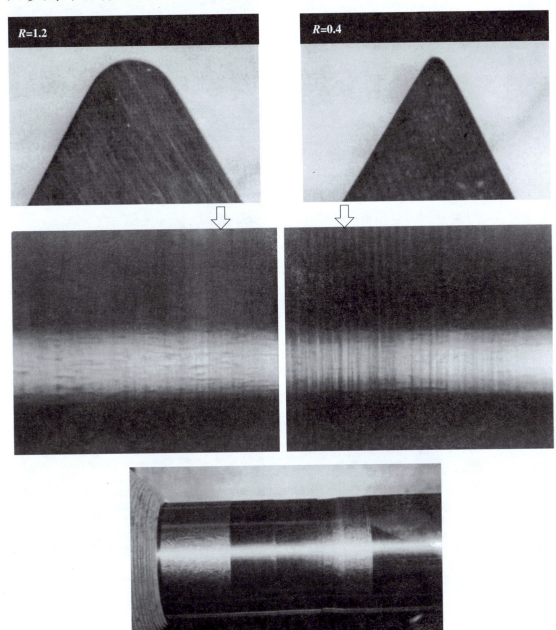

对切削刃进行珩磨

切削钢材时要进行珩磨，这既可以防止产生微小的切削刃缺口，在进行断续的切削时还可以对切削刃起保护作用。

一般情况下珩磨的宽度为进给量的50%~80%。如果是合金陶瓷或陶瓷类的刀片，选择偏大的数值为好。

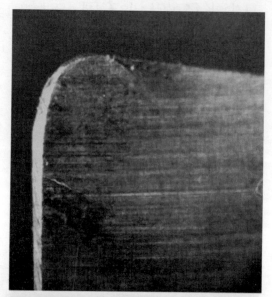

▲珩磨后的切削刃（上）和未经珩磨的切削刃（下）

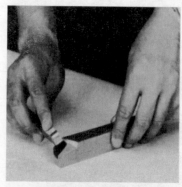

▲用金刚砂磨料进行珩磨

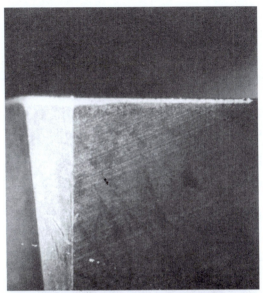

珩磨量的参考值

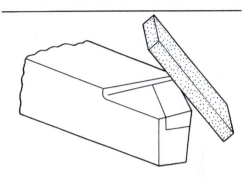

硬质合金	角度	宽度
硬质合金刀片	20°	
合金陶瓷刀片	25°	$(0.5 \sim 0.8)\, f$
陶瓷类刀片	30°	

▲图中所示为在相同的加工条件下切削刃损伤情况的对比。上图所示为珩磨后再用于加工，下图所示为未经珩磨就用于加工，可以看到切削刃的珩磨效果相当明显。

工件材料：S45C；切削速度：100m/min；进给量0.15mm/r；背吃刀量：3mm。

空心立铣刀

　　圆柱形或圆板的外周具有多个切削刃，一边回转一边进行切削，这样的刀具一般称为切削刀或铣刀。空心立铣刀属于这类刀具，用来加工平面或是比较浅的台阶，它的直径在100mm以下，上面的硬质合金刀片以钎焊方式固定。

　　空心立铣刀的本体材料可以分为两类：一类是本体从毛坯经切削成形，另一类是由精密铸造成形。

　　和切削成形相比，精密铸造成形本体的特点是它的排屑槽独具特色，而且又大，所以排屑性能非常好，故常常被用于加工不锈钢、合金钢等韧性比较强的材料。但它不适合于进行工作量大的加工，一般用在工作量较小的加工上。

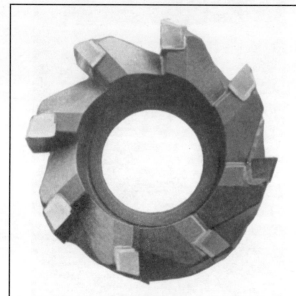

▲经切削成形，以钎焊来固定硬质合金刀片的空心立铣刀

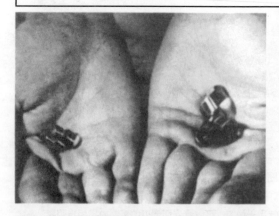

▲图中所示为排屑性能的比较。比起左边的毛坯切削成形，右边铸造成形的排屑性能更好

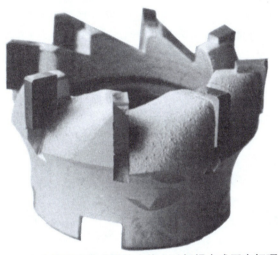

▲在精密铸造成形的本体上以钎焊方式固定好硬质合金刀片的空心立铣刀。其排屑槽较大。

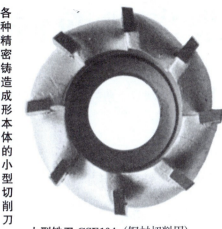

小型铣刀 CSE104（钢材切削用）

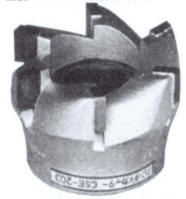

小型铣刀 CSE203（铸铁切削用）

小型铣刀 CSE303（伸展性材料切削用）

61

镶齿式面铣刀

面铣刀分成以下两类：一类是以钎焊方式将硬质合金刀片固定在钢材的刀齿上，然后把刀齿组合进铣刀刀体，这称为镶齿式面铣刀；第二类就是将硬质合金刀片直接组合进铣刀刀体，然后用螺钉等固定，这称为可转位机夹式铣刀。镶齿式面铣刀是很久以前就被广泛使用的切削刀之一。

面铣刀有轴向斜角（轴向前角）和径向斜角（径向前角）两个前角，根据被加工对象的材料和切削条件等来选择这两个前角的方向，即正（+）、负（−）或者零（0）。参见112~113 页。

关于镶齿式面铣刀，东芝 Tungaloy 社的正正组合有 full back 切削刀，负正组合有特金切削刀 A 型，正负组合有特金切削刀 B 型（以上都为商品名）。这些切削刀都具有独特的设计，对应于被加工对象仔细地设计了切削刃形状，并考虑到切屑的排出性能。

把刀齿组合固定于铣刀刀体的方式有多种，这里选主要的来介绍。

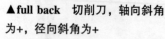

▲full back 切削刀，轴向斜角为+，径向斜角为+

与别的切削刀相比，它的刀齿数较多，常用来对铸造物进行切削。

▲特金切削刀 A 型，轴向斜角为−，径向斜角为+

它多用于恶劣的条件下，如钢的断续切削等，为了避免切削刃的缺损将轴方向斜角设计成负的。

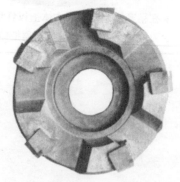

▲特金切削刀 B 型，轴向斜角为+，径向斜角为−

它特别适用于那些材料强韧、排屑成问题的作业，也适用于一般的钢材切削。

刀齿的各种固定方式

螺钉固定方式

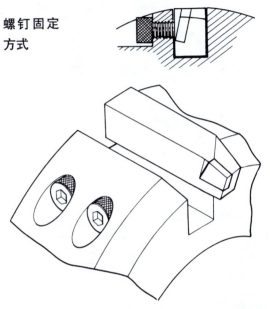

L 形楔块固定方式

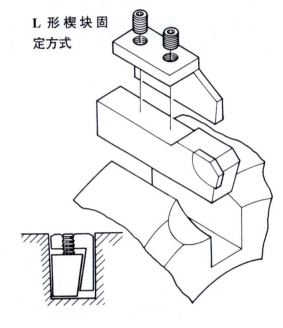

楔块嵌入固定方式

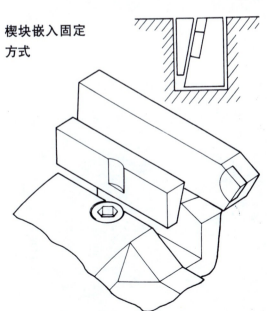

双重楔块固定方式

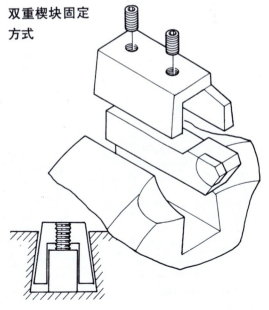

装有可转位刀片的面铣刀

将硬质合金刀片直接用螺钉等固定在铣刀刀体上，这种处理方式以及工具的管理等有其方便的一面，所以最近用得比较多。根据其用途的不同可以分为许多种类，下面以东芝 Tungaloy 社的产品为例来进行介绍。

▲精加工用 MS 系列

▲通用型 P1000 号系列

▲大切削深度型 P3000 号系列

▲大进给量型 P7000 号系列

▲直角台阶切削型 P1500 号系列

▲强力重切削型 P9000 号系列

▲轻合金及非金属切削用 P8000 号

可转位刀片（TAC铣床用）的形状和规格

TAC 铣刀		前角	前端角	刀片型号	刀片精度	刀片尺寸/mm				标准刀片材料	图号
						A	*T*	*C*	*R*		
M1000		负	25°	SNU43Z	U 级	12.70	4.8	2.0	—	TX20，TX25，TX30，TH10	①
PD1000		正	25°	SPA52ZR/L	A 级	12.70	3.2	2.0	—	X407	②
				SPP42ZR/L	P 级	12.70	3.2	2.0	—	TX20，TX25，TX30	
				SPU42ZR/L	U 级	12.70	3.2	2.0	—	TH10	
				WPP42ZR/L	修光刃	—	—	—	—	TX10S，TH10	③
P1500	P1503 ~ P1505	正	0°	TPEN32ZER/L	P 级	9.3	3.2	1.6	—	TX30	④
				TPEN43Z・R/L	P 级	9.3	3.2	1.6	—	（–ER/L 的刀片）	
	P1506 ~ P1512			TPEN43ZER/L	P 级	12.70	4.8	2.0	—	TH10	
				TPEN32Z・R/L	P 级	12.70	4.8	2.0	—	（–・R/L 的刀片）	
P3000		正	25°	SPP53ZR/L	P 级	15.88	4.8	2.4	—	X407，TX30，TH10	⑤
				WPP53ZR/L	修光刃	—	—	—	—		⑥
PM500		负，正	30°	SNEN63ZER/L	P 级	19.85	4.8	3.2	—	X407，TX30	⑦
P7000		正	32°	HPEN532・M	P 级	15.88	4.8	—	0.8	—	⑧
P8000		正	31°	HEEN532・M	P 级	15.78	4.8	—	0.8	X407，TX40，TH10	⑨
半侧面刃				SPP422	P 级	12.50	3.2	—	0.8	TX30，TH10	⑩
端面刃	φ30 ~ φ35	负	0°	TNEN322EM	P 级	9.53	3.2	—	0.8	TX30	⑪
				TNEN322・M	P 级	9.53	3.2	—	0.8	（–EM 的刀片）	
	φ38 ~ φ40			TNEN322EN	P 级	9.53	4.8	—	0.8	TH10	
				TNEN322・M	P 级	9.53	4.8	—	0.8	（–・M 的刀片）	
	φ42 ~ φ50			TNEN432EN M	P 级	12.70	4.8	—	0.8		
				TNEN432・M	P 级	12.70	4.8	—	0.8		

① 25°

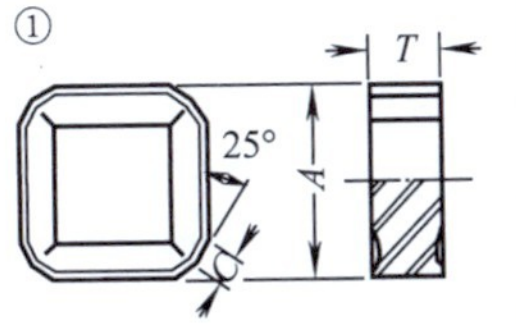

② 负面 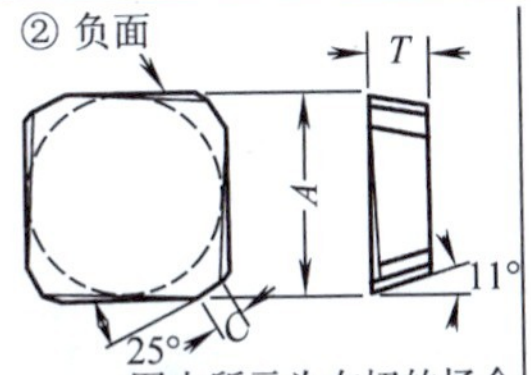
25°
图中所示为右切的场合

③ 后角为11° 3.2
12.5
11°

④ 11°
30° 0.5
11°
图中所示为右切的场合

⑤ 25°
1.0
11°
图中所示为右切的场合

⑥ (10.59)
(19.32)
4.8
11°

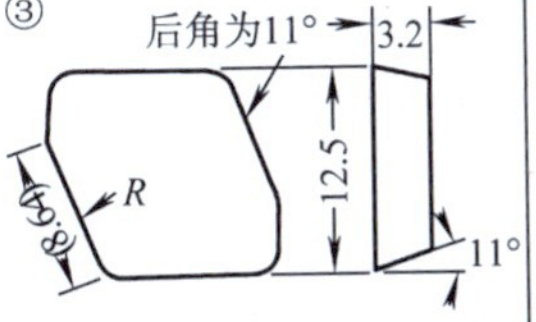

⑦ 11° 19.05
30°
图中所示为右切的场合

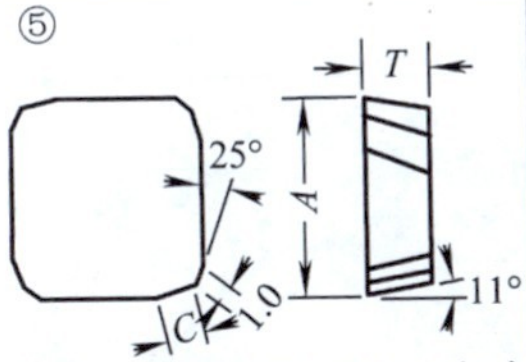

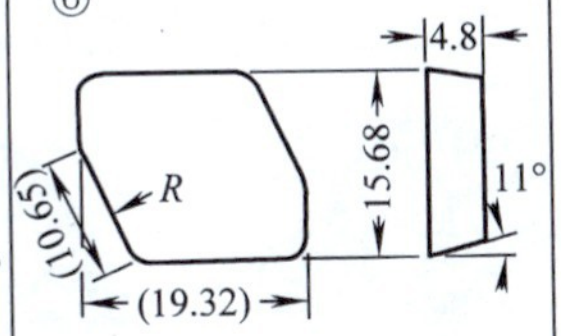

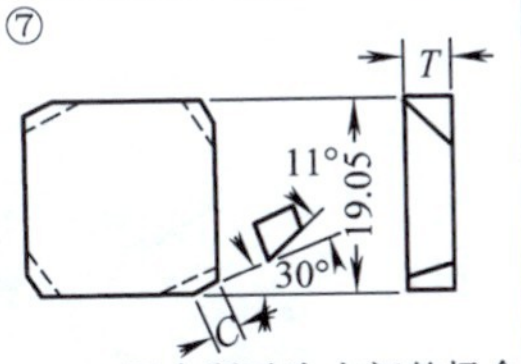

⑧ 11°

⑨ 20°

⑩ 11°

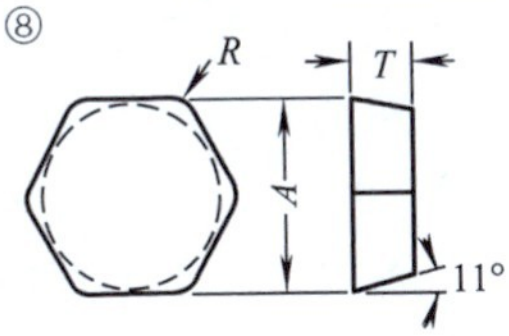

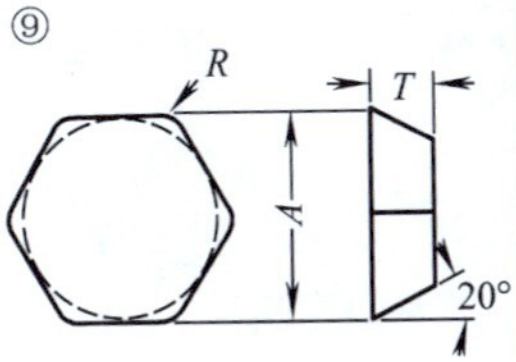

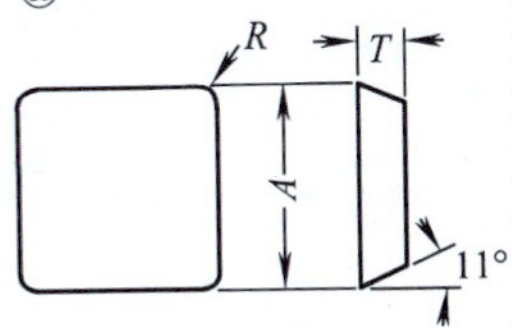

⑪

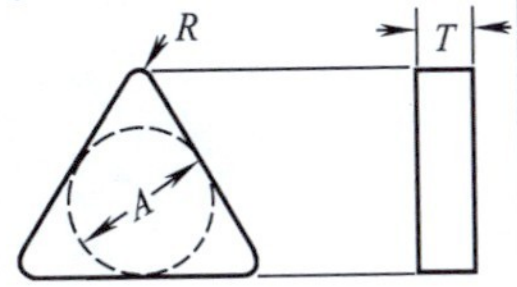

注：图②所示的负面适用于切削钢材用的刀片

65

面铣刀的装配刚性

挑选面铣刀时应该注意的是加工中的刚性、发热以及切屑的排出性能。下面就加工中的刚性进行探讨。

在加工中要使切削面不发生振纹，不单单是刀具本身的问题。对于使用机器的刚性、主轴的突出量、被加工材料的形状和夹具的装夹方法等方面，如果没有仔细考虑就进行加工，就可能产生问题。

决不能不假思索就让主轴突出很长。这会使切削面发生振纹，也可能使切削刃产生缺口。

为了使切刀的装卸变得方便，常常使用一些在市场上容易买到的刀轴或是夹盘。即使是自己来生产这些东西，也应注意根据切刀的装配刚性来选定刀轴、夹盘以及切刀的孔径。只考虑方便而不认真选择，很可能使切刀的性能得不到充分发挥。

表中列出了推荐使用的切刀直径和孔径的关系。

▼切刀直径和装配孔径的关系

（使用通用型切刀时）

外径 / 内径	3in	4in	5in	6in	7in	8in	9in	10in	备　注
25.40	■								用心轴
31.75									用心轴
38.10									用心轴
47.625									用芯棒将其和主轴的中心对齐，用定心接口和 4 个螺钉直接固定在主轴上
50.80									用芯棒将其和主轴的中心对齐，用 4 个螺钉直接固定在主轴上

（使用强力型切刀时）

外径 / 内径	6in	8～14in	>16in	备　注
47.625		■		用芯棒将其和主轴的中心对齐，直接固定在主轴上
50.80	■			也有使用心轴的情况
100.00			■	用芯棒将其和主轴的中心对齐，定心接口处用 4 个螺钉直接和主轴配合

▲图中所示铣刀的装配方式是采用心轴

如果不注意装配刚性会发生振纹

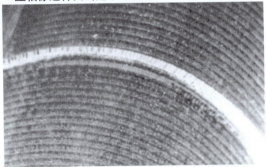

◀主轴像这样突出是不可取的

▲加工表面发生振纹

▼切削中发生振纹，切削刃的刃口斜面产生缺口

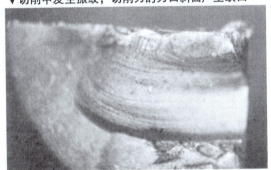

▲图中所示铣刀的装配方式是直接用螺钉将铣刀固定在主轴上

面铣刀的齿数

一般来说，切削钢材比切削铸造物时切削刃的损伤更为严重。这是由于钢材的切屑伸展性好而且强韧，以致于对切削刃造成损伤，还有就是加工中发热的影响也很大。

特别是高锰钢、不锈钢、工具钢或模具钢等容易受切削热影响的材料，由于加工中受热而使加工面硬化，切屑熔解后附在刀具表面不脱落，再加上切屑本身也被硬化，这样的状况下切削刃再遇上新的被切削面时，切屑从刀具上脱落，从而使切削刃形成缺口，这样的情况非常多见。所以，铣刀

▲full back 切削刀的齿数以 $(N×2+2)$ 为基准值来设计

齿数的选定既要考虑使切削热的影响最大限度地缩小，又要使切屑顺利排出。

作为例子，我们将东芝

▲特金切削刀的齿数以 $(N×1)$ 为基准值来设计

Tungaloy 社的full back 切削刀和特金切削刀相比较，可以看到齿数的差别很大。

▼对应各种工件材料的面铣刀齿数的选定基准

工 件 材 料	齿　　数	前　角	备　　注
钢材	$N×(1~1.5)$	+	特别要注意切屑的颜色及排出性
铸造物	$N×(2~4)$	+	切屑的排出性问题有时不像钢材那样突出，为加快进给可增加切削刃数
非金属材料	$N×(1~2)$	大的为 +	在加工铝合金等比较软的材料时，会发生由于切削热而使切屑粘在切削刃上的问题，所以有必要调整前角及切削刃数
合金钢等强韧性好的材料	$N×(1~2)-$ $(1~3)$	+ 或是二段前角	容易受切削热的影响，而且切削刃的损伤是最不稳定的因素，在设定切削刃数时一定要对这两个问题加以探讨

注：N 是当铣刀的直径以英寸（in）为单位表示时的数字，比如说直径为 100mm，约为 4in，这时 $N=4$。

容屑槽

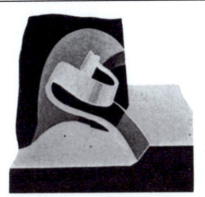 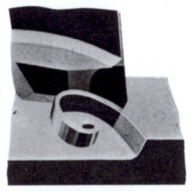

切屑排出性能差的容屑槽　　　　　　切屑排出性能好的容屑槽

切屑的排出性能与铣刀的齿数及被加工材料（切屑）的发热有很大关系，此外切削刃的各个角度对排出性能也有影响。不过无论如何，容屑槽必须拥有容下切削中所生成切屑的足够空间。不仅是钢材，在切削铸造物时也必须考虑到这一点。

如图所示为钎焊铣刀和镶齿式铣刀的例子，可以看到后者具有容下切屑的容屑槽，其形状也和切屑的流向吻合，这与前者形成了鲜明的对比。

▲直径为 100mm，容屑槽的容量小，切屑的流向为从工件材料到齿槽壁，因而切削条件受到限制。

▲直径为 100mm，容屑槽的容量大，切屑在排出时被强制向外流出，因而选择范围很宽。

立铣刀的种类和选择方法

●钎焊式立铣刀

切削刃有双刃、三刃、四刃，直径从10mm到100mm。最近由于钎焊技术的提高，大旋角（35°左右）的铣刀也面世了。

最常用的立铣刀直径为15mm到25mm，用于切屑排出性较好的台阶、外形和沟槽等的加工。

●整体立铣刀

切削刃有双刃、三刃，直径从2mm到15mm，大量应用于切入式磨削、高精度沟槽加工等。它还包括球头立铣刀。

●立铣刀的选择方法

选择立铣刀时，主要应考虑工件材料和加工部位。在加工切屑呈长条状、韧性强的材料时，使用直齿或是左旋的立铣刀。为减小切削阻力，可沿着齿的长度方向进行刻齿。

切削铝、铸造物时，选择齿数少且旋角大的铣刀，可以减少切削热。在进行沟槽加工时，要根据切屑的排出量选择适当的齿槽。因为如果发生切屑堵塞，常常会损坏刀具。

▲整体立铣刀

▲钎焊式立铣刀

▶4齿立铣刀

选择立铣刀时应注意以下3个方面：先根据不发生切屑堵塞的条件来选定刀具；接着为防止崩刃而进行切削刃的珩磨；最后就是适当齿槽的选定。

切削高速钢时要有比较快的切削速度，且必须在进给量不超过0.3mm/齿的范围内使用。如果切削钢材时用油润滑，速度应控制在30m/min以下。

▲有刻齿的立铣刀

▲切入式磨削

三面刃铣刀的种类

在切削直角形的角落或沟槽时所使用的三面刃铣刀，在构造上可分为切削刃相互交错的错齿形及切削刃平行排列的并齿形。

并齿形三面刃铣刀是最常用的，而错齿形三面刃铣刀则用于钢材的沟槽加工及大量切削时。

▲并齿形三面刃铣刀

钎焊式三面
刃铣刀

▲▶错齿形三面刃铣刀

在批量生产的工厂里经常使用大量的可转位刀具，其中包括半三面刃铣刀和全三面刃铣刀。它们也可用于锻造零件角落的切削。全三面刃铣刀多用于沟槽的加工。

▼错齿形的全三面刃铣刀（可转位三面刃铣刀）

可转位三面刃铣刀

▲半三面刃铣刀（可转位三面刃铣刀）

三面刃铣刀的选择方法

▲同时切削的切削刃数为 2 的三面刃铣刀

▲外径为 100mm 带键槽的三面刃铣刀

●同时切削的刀刃数

在设计三面刃铣刀时，当知道加工材料、刀具半径和进刀量后，便大致可以进行设计了。

但是那些相对于直径来说厚度较小的切削刀具，在加工中加在切削刃上的负载的变化是刀具本体弯曲的原因，所以一定要注意负载的大小要稳定。应该让1或2个切削刃一直保持和加工材料接触，这样就可以把切削阻力的变化控制在很小的范围内。

●有无键槽

在一般加工中不用键槽，然而在进给量和

▲上图的情况是切削油不足，要像下图那样充分使用

▲向下切削时使用齿隙消除装置

背吃刀量较大或高速切削的情况下，只靠刀具刀体和刀具夹持器之间的摩擦力来传递驱动力是不够的，此时往往应设置键槽。当外径大于100mm时设置键槽为好。

●采用错齿形以及切削液的使用

在进行钢材件沟槽的切削时，要考虑到切屑的排出性能及减少切削阻力等问题。在这种情况下，往往采用错齿形铣刀，并且使用切削液，切削液的量一定要充足。当然，只有在所使用机床往复运动部分和旋转部分的刚性足够大时，错齿加上切削液这一措施才会见效。

●侧面的不平度

如果使用外径相当大（相对于内径和切削刃幅度）的三面刃铣刀来加工沟槽，想要提高沟槽侧面的表面精度是很困难的。特别是由于切屑会大量地混在沟槽内，即使提高切削速度、减小进给量，也得不到预想的效果。

对这个问题的解决办法是，把三面刃铣刀装在心轴上时调整侧面不平度到0.005~0.01mm之间，再将切削刃的尖角倒角成R形面。还有就是如69页所讲的那样采用大的刀齿槽。

金属锯

●**钎焊式金属锯**

金属锯一般用来开沟槽或切断工件，外径为50~200mm的金属锯是最常用的。由于厂家的技术水平不断提高，厚度为1.5mm、外径为300mm 的锯也出现了。

●**整体式金属锯**

在切削刃幅度和外径比较小的情况下使用整体式金属锯。它常常用于加工切断尺寸要求高、容易受切削热的影响以及本身又很容易发热的材料（高硬度材料及难切削材料）。

钎焊式金属锯

●金属锯的使用方法

与直径相比金属锯的厚度要小得多，所以很容易受发热的影响，常常会因此而发生故障。发热的原因有多种，其中特别要提到的是切削热和切削加工中由于侧面变形而发生的加工面与刀具接触所引起的发热。

为减少加工过程中的故障，有必要使用切削油和能吸收切屑的装置，以便在进行切削时强制地把切屑收集起来。

此外，还应将金属锯的两个侧面研磨成向内凹进的形状。如果切削刃不坚硬的话发热就更厉害，以至于使金属锯变弯甚至断裂。因此，要时时注意切削刃是否坚硬。

关于金属锯的正确使用方法，使用切削液和采用朝下的加工姿势是主要原则。切削速度选择的自由度比较大，但是进给量受切削刃刚性的限制，注意到这一点，然后再选择各个加工条件。

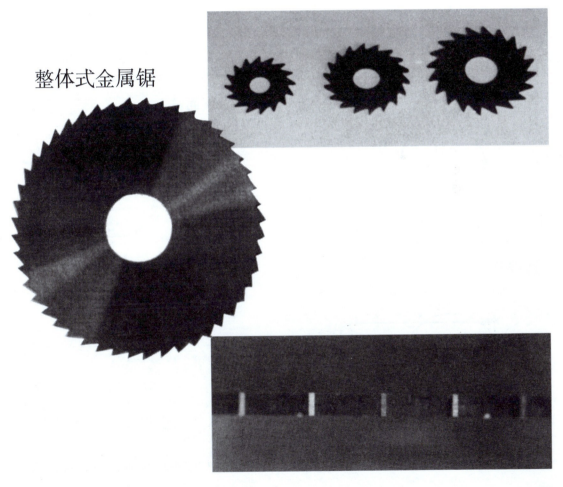

整体式金属锯

铣刀的大小和进刀角

使用铣刀时必须注意以下四个方面的内容：

1）切削条件的选定。

2）铣刀的大小以及切削位置的选定（进刀角）。

3）切削方向的选定（往上切削还是往下切削）。

4）切削刃的珩磨。

其中在选定切削条件时，要根据被加工材料以及加工精度来决定切削速度、进给量和背吃刀量的最佳值。关于面铣刀切削条件的选择请参照 97 页上的表。

这里我们先来探讨铣刀的大小和切削位置的选定。

刀具一旦接触到被加工材料，由于被加工材料本身的变形，切削刃在这个瞬间是在材料的表面滑行，这时有一个相当大的力向切削刃的刃口斜面（后面）方向作用，同时会发生较大的摩擦热。在这样的情况下切削刃容易发生崩刃或是缺口。

圆柱平面铣刀

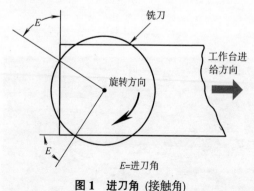

面铣刀

E=进刀角

图 1　进刀角 (接触角)

圆柱平面铣刀

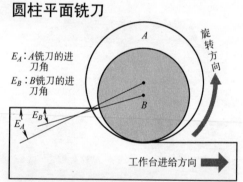

E_A：A铣刀的进刀角

E_B：B铣刀的进刀角

面铣刀

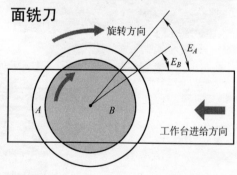

图 2　铣刀直径的大小与进刀角大小的关系

如果切入被加工材料的进刀角度（或称为切入角、接触角）在一定值以下，产生的摩擦热会非常少。

图 1 所示是进刀角的说明，这个角指的是铣刀中心和铣刀切入加工材料的切入点的连线与工件平面的夹角。当铣刀轴在被加工材料的外侧时这个角为负。三面刃铣刀和圆柱平面铣刀有时也能采取这样的切削方法。

进刀角除了和铣刀的位置有关，还跟铣刀的大小有关，如图 2 所示，铣刀的大小有变化，角度也会不同。

进刀角如果变大，如图 3 所示，切削刃与被加工材料接触处切屑的厚度比进给量小得多，所以很容易产生弹性变形。由于开始切削时还没有材料被切去，此时切削刃受到很大的阻力，所以容易发生崩刃或缺口。

一般来说，在加工钢材时进刀角取–10°~20°，加工铸铁时取 50°以下，加工轻合金时取 40°以下。也就是说，为了使进刀角在上述范围以内，必须根据被加工材料的切削宽度来选择铣刀的直径。

与切削宽度对应的铣刀直径的大致范围如图 4 所示。

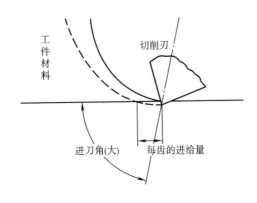

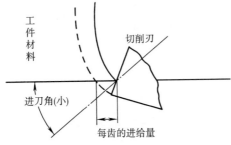

图 3　进刀角的大小以及切削刃的接触方式

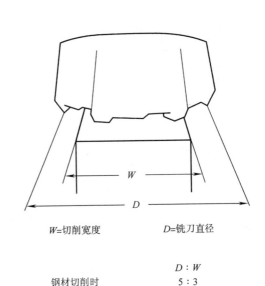

W=切削宽度　　　　　D=铣刀直径

	$D:W$
钢材切削时	5:3
铸铁切削时	5:4
轻合金切削时	3:2~5:3

图 4　铣刀直径的大致范围（对应切削宽度）

向上切削还是向下切削

由于存在刀具会被加工对象咬坏的问题，所以在使用三面刃铣刀和圆柱平面铣刀进行加工时，会面临究竟采用向上切削还是向下切削的选择。

对铣刀来说，最好从有一定厚度的切屑开始向下切削，而且希望使用刚性好，并且带有齿隙消除装置的新型机器。

在使用比较旧的机器时，即使会损伤工具，也要在总体上使切削进行得平稳，这样只能选择向上切削。

用面铣刀和立铣刀进行加工时，如图所示，要以铣刀轴为中心，实际上是向上切削和向下切削的综合。

还有用面铣刀进行铣削的场合，当铣刀的轴心在加工材料的外侧时，不是向上切削就是向下切削。

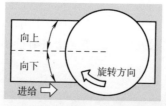

面铣刀

▲圆柱平面铣刀向下铣削的例子。当切削刃切入工件时，切屑的厚度最大，然后渐渐变小。比起向上切削，向下切削时切削刃的寿命较长。

▲圆柱平面铣刀向上铣削的例子。随着切削刃一点点切入工件，切屑的厚度渐渐变大。切入时产生的摩擦热使齿面的磨损加快，使切削刃的寿命变短。

切削刃的珩磨

铣削与车削的不同点是铣削时切削刃所受到的负载是不连续的，所以刀片很容易产生缺口。为了防止缺口的产生，对切削刃的珩磨很有必要。一般来说珩磨时大约取 20°~25°，切削刃宽度比进给量（每齿）的80%大一些。

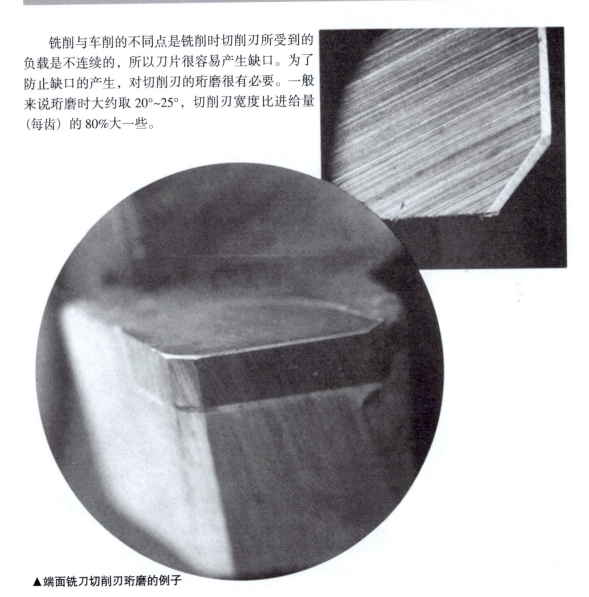

▲端面铣刀切削刃珩磨的例子

麻花钻

开孔工具中用得最多的是麻花钻。要使麻花钻变得超硬相当困难，到现在还没有一个完整的工艺。麻花钻用在铸造物、铝等非铁金属材料的加工中，也可用于加工很硬的材料。

如图所示为硬质合金麻花钻的例子，一个是钻头前端为整体的类型，另一个是在钻头顶端钎焊板状硬质合金刀片的类型。前者也可用来切削钢材，其用途变得更加广泛。

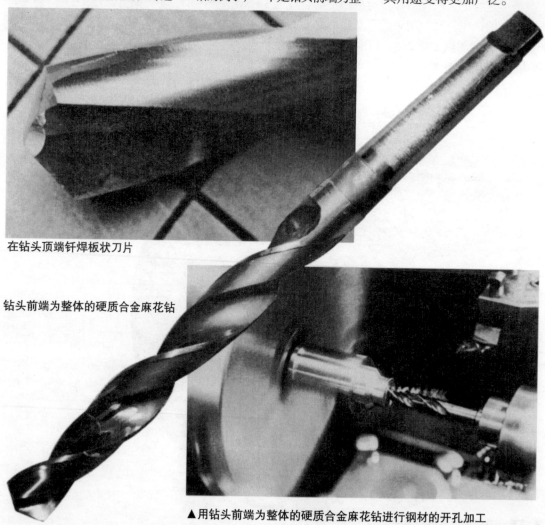

在钻头顶端钎焊板状刀片

钻头前端为整体的硬质合金麻花钻

▲用钻头前端为整体的硬质合金麻花钻进行钢材的开孔加工

钻头各部分的名称

常用的硬质合金钻头各部分的名称如图所示。

顶角：通常为118°，在对硬度大、韧性强的材料进行开孔时，增大这个角度很有效果。

后角：通常为6°。如果这个角度太小会储存过多的热，因而会减弱切削刃的强度。

螺旋角：为使切屑能顺利排出，标准的螺旋角为22°~30°，强旋为30°~40°左右，弱旋为15°~22°左右。

钻心厚度：钻心厚度太大的话扭矩变大，阻力也相应增大。这时要对横刃部分的钻心进行修磨，以使其变薄。

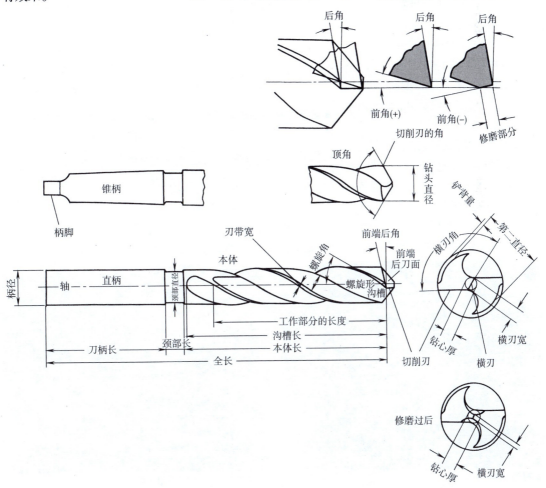

钻头切削刃的作用

对钻头来说最重要的是顶角和修磨，也就是钻头前端切削刃和横刃的形状，以及前角和芯厚（钻心）的关系。其中，硬质合金钻头前端切削刃和横刃的损坏非常严重，对这类钻头的处理尤为重要。

●**前端切削刃**：这两个切削刃一定要相对于钻头中心对称。如果两者切削刃的斜度不一样，或是有偏心，阻力就会偏向一边，开出的孔会弯曲，或是引起钻头折断。对这一点要充分注意。

●**修磨以及横刃宽**：特别是对于在钢材等材料上进行开孔加工的硬质合金钻头来说，这两者关系的好坏直接关系到钻头是否会被损坏，要想保护好钻头首先要选择正确的形状。比如说，

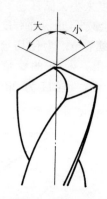

▲虽然和钻头的旋转中心是同心，但钻头顶角不平衡

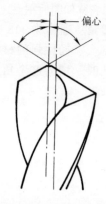

▲虽然钻头顶角的平衡较好，但对钻头的旋转中心有偏心

如果横刃宽选择和 HSS 是同样程度，则要加大修磨部分，而且这部分的切削刃尽可能要磨出面来。此外切削刃本身也应进行珩磨。

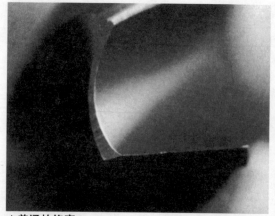

▲普通的修磨

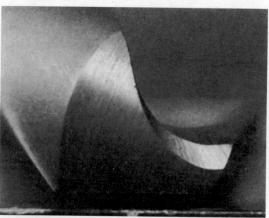

▲要进行铸铁加工时的修磨

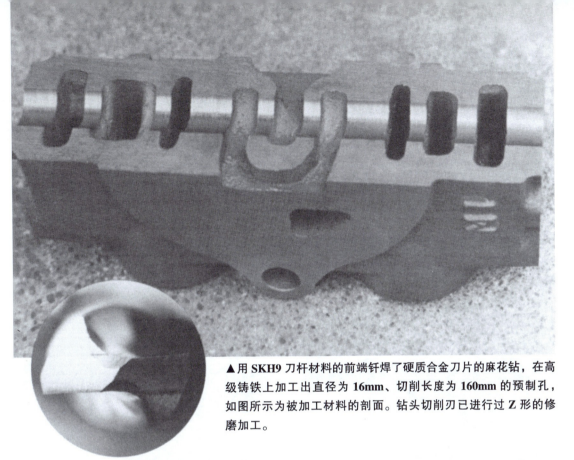

▲用 **SKH9** 刀杆材料的前端钎焊了硬质合金刀片的麻花钻，在高级铸铁上加工出直径为 **16mm**、切削长度为 **160mm** 的预制孔，如图所示为被加工材料的剖面。钻头切削刃已进行过 **Z** 形的修磨加工。

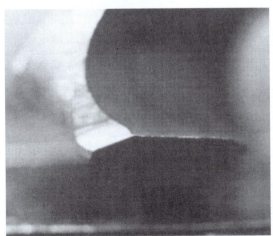

▲用于钢材加工场合的修磨

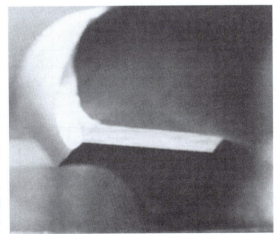

▲进行深孔加工时为了断屑把前面磨成两段

枪管钻和 BTA 工具

●枪管钻

在进行孔深为孔径的 5 倍以上、孔径为 3~25mm 的加工时使用枪管钻。使用枪管钻加工出来的孔精度高，加工面也好，特别是在对铸造物及铝等进行加工时，使用枪管钻只要进行一次切削，加工面就能达到 "$R_a 3\mu m$" 的程度，故它也用于精加工。

枪管钻

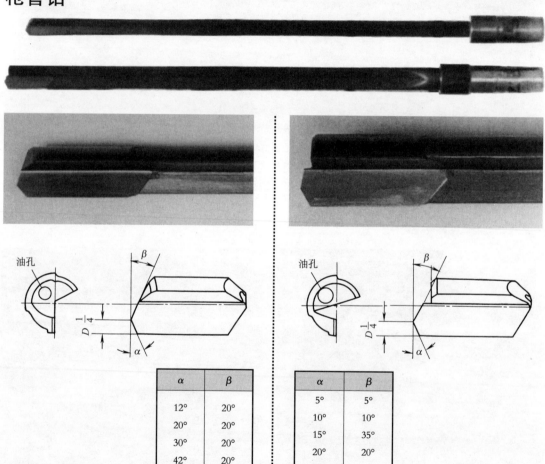

α	β
12°	20°
20°	20°
30°	20°
42°	20°

▲ 锥形类型

α	β
5°	5°
10°	10°
15°	35°
20°	20°
35°	15°

▲ 带槽类型

使用枪管钻最重要的是掌握油压和油量，这对切屑的排出影响很大。切削刃的外角和内角会在切削中起到平衡作用，并且决定切屑的排出方向。

●BTA 钻头

以套孔刀具作为母体改良后的 BTA 工具，可以用在如下三种加工上：直径为 6~100mm 时的钻孔（solid boring）；直径为 60mm 以上时的孔加深（套孔，trepan boring）；以及扩大预制孔（镗孔，counter boring）。

断屑槽用来切断切屑，并将其从管道的中央向外排出。断屑槽研削的质量关系到工具的寿命。

BTA 工具

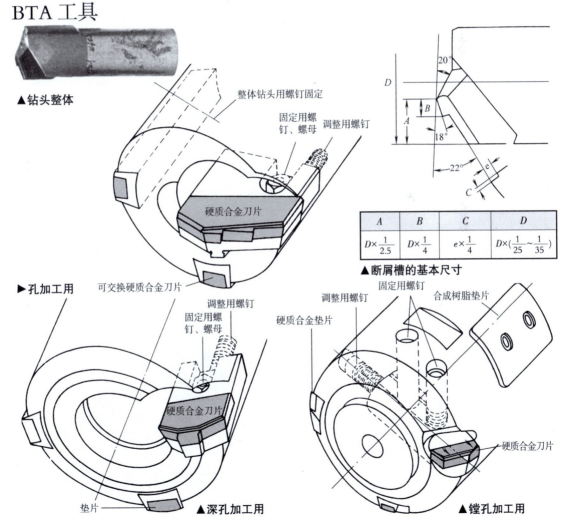

▲钻头整体

▶孔加工用

可交换硬质合金刀片

整体钻头用螺钉固定

固定用螺钉、螺母

调整用螺钉

硬质合金刀片

A	B	C	D
$D \times \dfrac{1}{2.5}$	$D \times \dfrac{1}{4}$	$e \times \dfrac{1}{4}$	$D \times (\dfrac{1}{25} \sim \dfrac{1}{35})$

▲断屑槽的基本尺寸

调整用螺钉

固定用螺钉、螺母

硬质合金刀片

垫片

▲深孔加工用

硬质合金垫片

调整用螺钉

固定用螺钉

合成树脂垫片

硬质合金刀片

▲镗孔加工用

钻头的使用方法

●切屑的处理

用硬质合金钻头加工时，并不希望切屑连成一长条排出。特别是在加工韧性比较强的材料时，切屑过长会发生切屑堵塞，从而损坏刀具。在这种情况下一般是停止进给，将切屑清除后再继续加工，这种方式称为阶段式进给。

为了将切屑切断，可采用在钻头的切屑槽部分安装金属垫片的方法。

●钻头直径和开孔的深度

标准的开孔深度最大为钻头直径的 5 倍，如果是刀柄上钎焊硬质合金刀片的类型，深度最大可以达到钻头直径的 7~8 倍，当然那种情况下对切屑的处理很重要。

●导向套筒的使用

当工作表面不平坦时，为了防止刀尖抖动而导致切削刃损坏，尽可能使用导向套筒，以便使钻头能以直线切入加工材料。

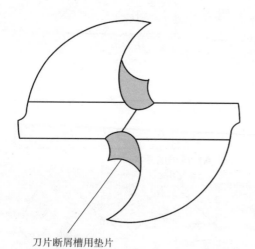

刀片断屑槽用垫片

▲带断屑槽的钻头

▲导向套筒

孔径、孔深以及工具选定的大致标准

依照下图可根据孔径和孔深的关系来选择钻头的种类。比如说，在孔径为 20mm，孔深为 12mm 时可采用麻花钻，孔深为 15mm 时采用长钻头，孔深为 50mm 时使用枪管钻，或使用 BTA 工具中的开孔工具。

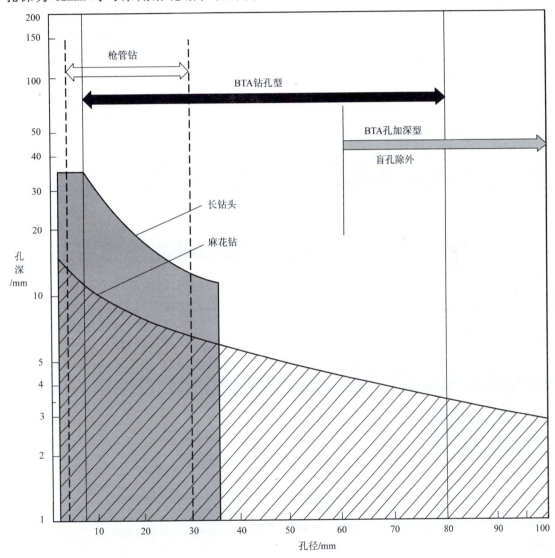

铰刀的种类

●钎焊式铰刀

对直径为 4~50mm 的孔进行精加工的铰刀是最为常用的，考虑到刀杆的强度、弯曲以及孔的精度，孔的深度最好在直径的 4~5 倍以下。

●整体式铰刀(solid reamer)

这种类型的铰刀前端或者整体都用硬质合金刀片制成。由于这种铰刀的强度、弯曲刚度等性能都不错，常用于加工直径为 2~25mm 的孔。特别是对于直径在 10mm 以下的孔，如果使用整体式铰刀，直径对孔径的比例可以达到 10~12，所以这种类型的铰刀被广泛使用。

●枪管铰刀（gang reamer）

枪管铰刀用于高精度深孔的精加工，也可用于有 2~3 个台阶孔的精加工。通常在使用枪管铰刀时要用专用机床。

●拉刀（broach reamer）

以具有很大螺旋角的导向刃来对孔壁面进行加工，不仅可以使被加工的孔精度高，进给量也可以取比较大的值，这些都是拉刀的优点。不过它主要适用于通孔的加工，对于盲孔，有必要修正其刀刃的形状。

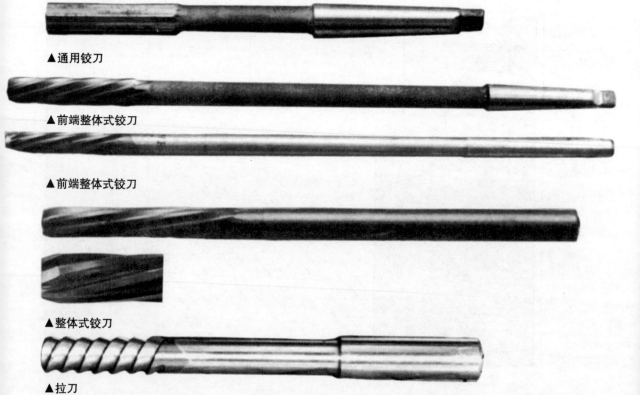

▲通用铰刀

▲前端整体式铰刀

▲前端整体式铰刀

▲整体式铰刀

▲拉刀

铰刀的选择方法

一般在用铰刀进行作业时要注意的问题有加工余量、深度（对直径而言）、表面粗糙度和孔的扩大等，它们的选择标准如表所示。

加工时特别要注意的是给油的方法，也就是说，必须认真考虑如何巧妙地将切屑除去。举例来说，比起卧式加工，用立式钻床加工时，切屑和油都会往下流出，因此减少了切屑的堵塞和油膜的不连续现象，也会提高加工面的质量。尤其是在深孔加工时，要注意必须用带油孔的铰刀。

▲带油孔的整体铰刀

▲用普通的铰刀加工出来的面

▲用带油孔的铰刀加工出来的面

选择铰刀的大致标准

	加工余量	深度（L/D）	表面粗糙度	孔的扩大
钎焊式铰刀	少一些为好	<5	钢材达到高精度比较困难	不一致
整体式铰刀	少一些为好	8~10	钢材切削时使用带油孔较好，但达到 6S 比较困难	一致
拉刀	参考用钻头加工的预制孔	<5	钢材切削也能得到高精度的表面	一致
枪管铰刀	稍多一些为好	可以相当深	钢材为 $R_z 6 \sim 12 \mu m$ 左右，铝和铸造物为 $R_a 3 \sim 6 \mu m$ 左右	一致

铰刀切削刃的名称

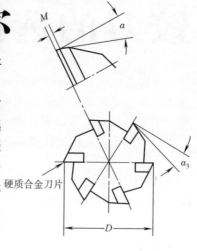

硬质合金刀片

关于铰刀各个角度的名称，HSS 和硬质合金两者的定义是相同的，在构造上硬质合金刀片部分和钢材部分有区别。

铰刀的作用是加工出尺寸精度高的孔和高精度的面。加工出来的孔有弯曲或者是变成多角形的形状是谁也不希望的。为防止这些现象的发生，要注意以下几点：

●进刀部分：进刀部分的角度会大大影响孔的弯曲、扩大、变形以及加工面的表面粗糙度等，如何选定角度就决定了加工的性质。一般对进刀部分进行角度为45°左右的倒角。在孔的精度要求高、加工余量少的情况下，这个角度要小，大约再小 3°~5°。由于工具设计上的原因或

▲用抛光齿切削后的铸铁的加工面

92

根据加工对象的形状，常常将进刀部加工成 2~3 段。

●切削刃的螺旋角：有螺旋的切削刃（左螺线）比起直刃来，加工时不容易起振纹，可以有效地防止孔变成多角形，并且也很容易得到抛光的效果。为得到高精度的加工面和孔而增大螺旋角，于是产生了拉刀（broach reamer）。

●切削刃接触部分的宽度：要使孔的精度、加工面的粗糙度、孔的弯曲程度较好，一定要注意接触部分（边缘）的宽度 M。一般采用 $M=0.2~0.3$mm，要使精度更好，可使用带有抛光齿刃的铰刀，这时在多条切削刃中让 1~2 个切削刃的边缘取大的幅度（取 R），可使抛光齿刃发挥最大的能效。使用带抛光齿刃的铰刀来加工铝合金、铸铁时，孔的公差在 0.02mm 以下，面的粗糙度在 3S 以下。

●导向部分的倒锥：一般在长度为 100mm，锥度为 0.02~0.03mm，加工对象发热量比较大的时候增大此值；反之，孔的精度不稳定时减小此值。

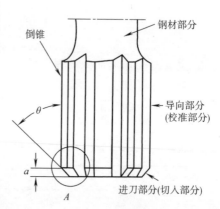

倒锥
钢材部分
导向部分（校准部分）
进刀部分（切入部分）

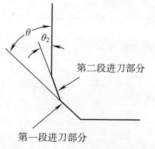

第二段进刀部分
第一段进刀部分

A部分的扩大图

铰刀的使用方法

●**装配精度**：使用铰刀时要注意，在将其装到机器上时，铰刀前端进刀部分的抖动要控制在 0.02mm 以下。在切削中，为始终保持这个精度，可使用导向套筒。

●**进刀部分切削刃缺口的检查**：即使铰刀的抖动能被限制在所期望的范围内，但实际上常常由于切削刃本身有崩刃、缺口，还是得不到好的表面粗糙度和孔的精度。所以在使用前，不仅要检查铰刀的抖动，同时还要检查切削刃本身有无崩刃、缺口。

●**导向套筒**：前面已经讲过，要想得到高的精度，特别是

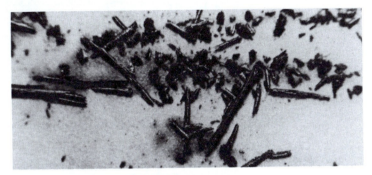

▲在良好的切削状况下得到的切屑

在加工面精度要求较高的时候应该使用导向套筒。这种情况下，问题是如何选择导向套筒和铰刀之间的空隙。空隙的值在 0.005mm 左右是最理想的，如果达不到，最大也不应超过 0.02mm。

●**给油方法**：加工时用油润滑不仅可以使抛光的效果更加

显著，还能帮助切屑顺利排出，使孔的精度和加工面的精度进一步提高。给油时要注意选择好注油的方向，特别是在一些专用的卧式机床上加工时，要使油直接注到铰刀的切削刃上，此时考虑采用如图所示带油孔的铰刀是个不错的选择。

●**被加工工件的装夹**：在进行精度要求高的铰刀加工时，孔的精度和加工面的粗糙度会受到被加工工件夹紧方式的影响，特别是在切削速度高的时候这个影响更大，所以必须仔细考虑夹紧方式。在装夹时不仅要考虑上下方向，同时应考虑进给方向。

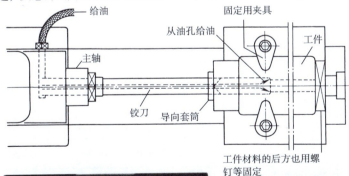

给油
固定用夹具
从油孔给油
工件
主轴
铰刀
导向套筒
工件材料的后方也用螺钉等固定

▲带油孔的铰刀及其结构

93

车床加工的切削条件

工作材料			连续切削(稳定的切削状态)						不连续切削(不稳定的切削状态)					
材料名称	拉伸强度(硬度)/(kgf/mm²)	进给量/(mm/r)	牌号	切削速度/(m/min)	前角/(°)	后角/(°)	有倒角的前角/l(°)	刃倾角	牌号	切削速度/(m/min)	前角/(°)	后角/(°)	有倒角的前角/(°)	刃倾角
极软钢	<50	~0.1	K10 M40	250~120 120~50	12~18 18~25	6~8		0	M10 M40	200~100 100~50	12 18	6~18		0
		0.1~0.3	K20 M40	150~80 100~40	12~18 18~25	6~8		0	K20 M40	130~80 80~40	12 18	6~8	6	-4
		0.3~0.6	K20 M30	150~70 140~70	12~18 18	6~8	6	-4	K20 K30	120~70 120~60	12 12	6~8	6	-4
		0.6~1.0	K20	100~60	12	6~8	6	-4	K30	80~50	12	6~8	0	-4
结构用钢	40~50	~0.1	P10	250~180	12	6~8		0	(P15)	180~100	6	6~8		0
		0.1~0.3	P10 P20	220~140 160~120	12~18	6~8	3	-4	(P15) (P25)	160~120 150~100	12	6~8	0	-4
		0.3~0.6	P10 P20 P30	160~100 130~90 90~50	12~18	6~8	3	-4	(P25)	120~70	12	6~8	0	-4
		0.6~1.0	P20	100~60	12	6~8	3	-4						
易切削钢	<55	~0.1	K10 M40	200~100 100~50	12~18 18~25	6~8		0	K10 M40	150~80 100~50	12 18	6~8		0
		0.1~0.3	K10 K20 M40	180~80 160~80 100~40	12 12~18	6~8		-4	K10 K20 M40	160~60 130~60 80~40	12 12 12	6~8	6	-4
		0.3~0.6	M40	80~30	18	6~8		-4	M40	60~30	18	6~8	6	-4
调质钢	50~70	~0.1	P10 M40	220~150 70~50	6 18~25	6~8		0	(P15) M40	180~120 60~40	6 18	6~8		
		0.1~0.3	P10 P20 M40	160~100 125~70 80~40	6 6 18~25	6~8		-4 -4 0	(P15) (P25) M40	130~60 120~70 70~40	12 12 12	6~8	0 0 6	-4 -4 0
		0.3~0.6	P10 P20 P30	130~80 100~70 80~50	12	6~8	3	-4	(P25) M30	90~60 70~40	12 12	6~8	0 -3	-4
	70~85	~0.1	P01 P10 M10	200~130 180~120 160~120	6	6~8		0	(P15) M10	130~100 130~80	6 6	6~8		0
		0.1~0.3	P01 P10 M10 P20	150~100 140~90 130~80 110~70	12	6~8	0~3	-4	(P15) M10 (P25)	120~70 110~60 100~60	12	6~8	-3	-4
		0.3~0.6	P10 P20 M20 P30	120~70 90~60 85~55 70~45	12	6~8	0~3	-4	(P25) M20 M30	80~50 70~50 65~40	12	6~8	-3	-4
淬火钢	>HRC 50	~0.1	K01 K10	20~8	0	6~8	-6	-4						
		0.1~0.2	(K05)	18~6	0	6~8	-6	-4						
		0.2~0.3	(K05) M10	15~5	0	6~8	-6	-4						
		0.3~0.5	K10 M10	12~4	0	6~8	-6	-4						
不锈钢, 耐热钢	(Cr. Cr-Mo)	0.1~0.2	M10 M20	120~70 100~70	12~18 12~18	6~8		-4	M20 (P25)	80~60	12	6~8	3	-8
		0.2~0.4	M10 (P25) M20	100~60 80~60 75~50	12~18 12 12	6~8	6	-4	M20	70~40	12	6~8	3	-8
		0.4~0.6	M20 M30	75~40 70~40	12 12~18	6~8		-4	M30 M40	60~30 50~25	12~18	6~8	3	-8
	(Cr-Ni Cr-Ni Mo)	0.1~0.2	M10 (P25)	120~70 100~60	10~18	6~8		-4	(P25)	80~50	12	6~8	3	-8
		0.2~0.4	M10 (P25) M20	100~60 80~50 75~50	12~18 12 12	6~8	6	-4	M20	70~40	12	6~8	3	-8
		0.4~0.6	M20 P30	75~35 70~30	12 12~18	6~8	6	-4	P30 M30 M40	60~25 50~25 40~20	12 12 12~18	6~8	3	-8

工件材料		进给量/(mm/r)	连续切削(稳定的切削状态)						不连续切削(不稳定的切削状态)					
材料名称	拉伸强度(硬度)/(kgf/mm²)		牌号	切削速度/(m/min)	前角/(°)	后角/(°)	有倒角的前角/(°)	刃倾角	牌号	切削速度/(m/min)	前角/(°)	后角/(°)	有倒角的前角/(°)	刃倾角
耐热材料		0.1~0.2	M10 K10	40~20 30~10	12~18	6~8	6	−4	K20	25~10	12	6~8	3	−8
		0.2~0.4	M10 K20 M20	30~10 25~10 25~10	12	6~8	6	−4	K20 M20	20~10	12	6~8	3	−8
		0.4~0.6	M20 K30 M40	25~10 12 20~10	12 12 12~18	6~8	6	−4	M30 M40	20~10	12 12~18	6~8	3	−8
锻造锰钢	12%~14%Mn	0.1~0.2	M10	50~30	6	6~8	0	−4						
		0.2~0.4	M10 M20	40~20 30~20	6	6~8	0	−4	M20	25~15	6	6~8	0	−4
		0.4~0.6	M20	25~15	6	6~8		−4						
	18%Mn	0.1~0.2	M10	70~40	6	6~8		−4						
		0.2~0.4	M10 M20	60~30 50~25	6	6~8	0	−4	M20	20~10	6	6~8	0	−4
		0.4~0.8	M20	30~15	6	6~8		−4						
铸造锰钢	12%~14%Mn	0.1~0.2	M10	40~20	6	6~8		−4						
		0.2~0.4	M10 M20	30~15 25~12	6	6~8	0	−4	M20	20~10	6	6~8	0	−4
		0.4~0.6	M20	20~15	6	6~8		−4						
铸钢	<50	~0.3	M10	160~120	12	6~8		−4	M10	104~100	12	6~8	0	−4
		0.1~0.3	M10 P20 M20	140~100 140~100 120~80	12	6~8	0 0 3	−4	(P25) M20	120~70 100~60	12	6~8	−3	−4
		0.3~0.6	M10 P20 M20 P30	120~80 120~80 100~60 90~60	12	6~8	0	−4	(P25) M20 M30	100~60 90~50 80~40	12	6~8	−3	−4
		0.6~1.0	P20	90~40	6	6~8	−3	−4						
铸铁	<HB180	~0.3	K20	100~70	6~12	6~8	3	−4	K20	90~60	6	6~8	0	−4
		0.3~0.6	K20 K30	80~50 70~40	6~12	6~8	3	−4	K20 K30	70~40 60~30	6	6~8	0	−4
		0.6~1.2	K20 K30	60~40 50~30	6	6~8	0	−4	K30	40~20	6	6~8	0	−4
	HB180~HB220	~0.3	K10 K20	70~50 70~50	6 6~12	6~8	3	−4	K10 K20	70~40 60~40	6	6~8	0	−4
		0.3~0.6	K10 K20	60~40	6 6~12	6~8	0 3	−4	K10 K20	50~30	6	6~8	0	−4
		0.6~1.2	K20	50~30	6	6~8	0	−4						
合金铸铁	HB250~HB450	~0.1	K01 M10 (K05)	70~30 70~30 65~30	6	6~8		0						
		0.1~0.3	K01 K01 M10 (K05) K10	60~25 60~25 60~25 50~25 40~20 40~20	6	6~8		−4	K10 M10 M20	35~20 35~20 30~15	6	6~8	0	−4
球墨铸铁	HB140~HB180	~0.1	M10	160~120	6	6~8		−4	M10	140~100	6	6~8		−4
		0.1~0.3	M10 P20 M20	130~100 120~90 110~70	6	6~8		−4	M10 (P25) (M20)	100~80 100~70 100~60	6	6~8		−4
		0.3~0.6	P20 M20 M30	100~70 80~60 70~40	6	6~8		−4	P25 M20 M30	80~50 70~50 70~40	6	6~8		−4
黑心可锻铸铁(为白心可锻铸铁时切削速度降低20%~30%)	<HB130	0.1~0.3	M10 P20 M20 K10	130~100 150~120 100~80 100~70	6	6~8		−4	M10 (P25) M20 K10	120~80 130~100 90~60 80~60	6	6~8	0	−4
		0.3~0.6	P20 M20 P30 K10	130~100 90~60 80~50 80~50	6	6~8	0	−4	(P25) M20 M30 K10	110~70 80~50 70~40 70~40	6	6~8	0	−4

（续）

工件材料		进给量/(mm/r)	连续切削（稳定的切削状态）						不连续切削（不稳定的切削状态）					
材料名称	拉伸强度（硬度）/(kgf/mm²)		牌号	切削速度/(m/min)	前角/(°)	后角/(°)	有倒角的前角/(°)	刃倾角	牌号	切削速度/(m/min)	前角/(°)	后角/(°)	有倒角的前角/(°)	刃倾角
黑心可锻铸铁（为白心可锻铸铁时切削速度降低20%~30%）	HB130~ HB180	~0.1	M10	130~100	6	6~8		-4	M10	100~70	6	6~8		-4
		0.1~0.3	M10 P20 M20	100~80 120~90 90~50	6	6~8		-4	M10 (P25) M20	90~60 100~70 80~50	6	6~8	0	-4
		0.3~0.6	P20 M20 P30	100~70 80~60 80~60	6	6~8		-4	(P25) M20 M30	80~50 70~50 70~50	6	6~8	0	-4
铜		~0.1	K10	600~450	18~25	10		0~-4	K10	600~450	18	10		0
		0.1~0.3	K10	500~400	18~25	10		0~-4	K10	500~400	18	10	12	0
		0.3~0.6	K10	400~300	18~25	10	6	0~-4	K10	400~300	18	10	6	0
黄铜		<0.1	K10	600~450	12	10		0	K10	600~450	12	10	6	0
		0.1~0.3	K10	500~400	12	10		0	K10	500~400	12	10	6	0
		0.3~0.6	K10	400~300	12	10	3	0	K10	400~300	12	10		0
铸造青铜		<0.1	K10	500~400	8~12	8		0	K10	500~400	8	8		0
		0.1~0.3	K10	400~300	8~12	8		0	K10	400~300	8	8	3	0
		0.3~0.6	K10	300~250	8~12	8	3	0	K10	300~250	8	8	3	0
铝		<0.1	K10	1200~800	20~30	10		0	K10	1200~800	20~30	10		0
		0.1~0.3	K10	1000~600	20~30	10		0	K10	1000~600	20	10	12	0
		0.3~0.6	K10	800~500	20 20~30	10		0	K10	800~500	20	10	12	-4
铝合金	HB 80~120	<0.1	K10	800~500	12~20	10		0	K10	800~500	12~10	10		0
		0.1~0.3	K10	600~300	12~20	10		0	K10	600~300	12 12~20	10	6	0
		0.3~0.6	K10	400~200	12~20	10		0	K10	400~200	12	10	6	-4
	（9~14% Si）	<0.1	K10	300~200	12	10		-4	K10	300~200	12	10		0
		0.1~0.3	K10	250~150	12	10		-4	K10	250~150	12	10	6	0
		0.3~0.6	K10	200~100	12	10		-4	K10	200~100	12	10	6	-4

注：在倒角对应的栏中为空白时不要进行倒角加工。倒角宽为0.5~1倍的进给量。

精密镗削加工的切削条件

工件材料		进给量/(mm/刃)	连续切削（稳定的切削状态）					
材料名称	拉伸强度（硬度）/(kgf/mm²)		牌号	切削速度/(m/min)	前角/(°)	后角/(°)	有倒角的前角/(°)	刃倾角
钢	50~70	0.05~0.08 0.08~0.12 0.12~0.15	P01	300~240 270~200 250~180	0~10	5~6		0
	70~85	0.05~0.08 0.08~0.12 0.12~0.15	P01	260~200 240~170 220~150	0~10	5~6		0
	85~100	0.05~0.08 0.08~0.12 0.12~0.15	P01	200~150 180~130 160~120	0~6	5~6		0
	100~140	0.05~0.08 0.08~0.12 0.12~0.15	P01	160~100 140~90 120~80	0	5~6		0
铸钢	40~70	0.05~0.15	P01 M10	200~120	0~6	5~6		0
铸铁	<HB220	0.05~0.1 0.1~0.15	(K05)	100~80 90~60	0~6	5~6		0
	HB220~ HB250	0.05~0.1 0.1~0.15	K01 (K05)	100~70 80~60	0~6	5~6		0
	HB250~ HB450	0.05~0.1 0.1~0.15	K01 (K05)	75~35 60~30	0~6	5~6		0
铝合金（Si的质量分数在14%以上）		0.05~0.1 0.1~0.15	K01 (K05) K10	250~180 200~150	0~6	8~10		0

注：在倒角对应的栏中为空白时不要进行倒角加工。

面铣刀加工的切削条件

材料名称	拉伸强度(硬度)/(kgf/mm²)	进给量/(mm/刃)	牌号	切削速度/(m/min)	前角/(°)	牌号	切削速度/(m/min)	前角/(°)
	工件材料		稳定的切削状态			不稳定的切削状态		
极软钢	<50	0.2~0.5	P40	140~70	10~12	P40 M40	130~60 110~50	10~20
结构用钢	40~50	0.06~0.12	P20	250~180	5~10			
		0.1~0.2	P20	220~160	5~10			
		0.2~0.4	P30	150~100	5~10	P30	110~70	5~10
调质钢,Cr钢,Cr-Mo钢	50~70	0.06~0.12	P20	150~100	5~10			
		0.12~0.2	P20	120~90	5~10			
		0.2~0.4	P30	100~70	5~10	P40 M40	100~60 80~50	5~10
	70~85	0.06~0.12	P20	150~100	5			
		0.1~0.2	P20	120~90	5			
		0.2~0.4	P30	100~70	5	P40 M40	100~60 80~50	5
Cr-Ni-Mo钢,Mn-Si钢	70~85	0.06~0.12	P20	130~90	5			
		0.12~0.2	P20	120~80	5			
		0.2~0.4	P30	110~60	5	P40 M40	100~50 80~45	5
调质钢,工具钢	85~100	0.06~0.2	P20	130~80	5			
		0.2~0.4	P30	90~60	5	P30	70~40	5
耐热钢,不锈钢		0.1~0.2	M40 P40	60~40 70~50	5~10			
铸钢	<50	0.3~0.5	P30 P40	90~60 70~45	5~10	P30 P40	75~45 65~40	5~10
	50~70	0.3~0.5	P30 P40	70~45 60~40	5	P30 P40	70~50 60~40	5
铸铁	<HB180	0.1~0.2	K10	100~80	0~8	K20	90~60	0~8
		0.2~0.4	K10	90~60	0~8	K20	70~45	0~8
		0.4~0.6	K10	80~50	0~8	K20	60~40	0~8
合金铸铁	HB180~HB220	0.1~0.2	K10 K20	100~70 90~60	0~8	K10 K20	90~60 80~50	0~8
		0.2~0.4	K10 K20	80~50 70~45	0~8	K20	60~40	0~8
		0.4~0.6	K20	60~40	0~8			
	HB250~HB350	0.1~0.2	K10	65~40	0~8	K10	50~40	0~8
		0.2~0.3	M10 K10	60~40 50~40	0~8			
球墨铸铁	HB140~HB200	0.1~0.25	M10 K10	120~90 80~70	0~8	K10	90~60	0~8
		0.25~0.4	M10	100~70	0~8			
黑心可锻铸铁(为白心可锻铸铁时切削速度降低20%~30%)	HB130~HB180	0.1~0.25	M10 K10	120~90 80~50	0~8	P30	100~80	0~8
		0.25~0.4	M10 K10	90~60 70~40	0~8			
铜	HB40~HB60	0.1~0.2	K10	350~200	15	K10	300~150	15
		0.2~0.4	K10	300~150	15	K10	200~120	15
黄铜,铸青铜	HB40~HB80	0.1~0.2	K10	300~150	10	K10	250~150	10
		0.2~0.4	K10	200~120	10	K10	200~100	10
	>HB80	0.1~0.2	K10	300~150	10	K10	350~150	10
		0.2~0.4	K10	200~120	10			
铝合金	>HB80	0.1~0.2	K10	1500~800	15	K10	1500~800	15
		0.2~0.4	K10	1200~600	15	K10	1200~600	15
		0.4~0.6	K10	800~500	15			
	HB80~HB120	0.1~0.2	K10	1200~600	15	K10	1200~600	15
		0.2~0.4	K10	800~500	15	K10	800~500	15
		0.4~0.6	K10	600~300	10			
	9%~14%Si	0.1~0.2	K10	600~300	10	K10	600~300	10
		0.2~0.4	K10	500~220	10	K10	500~200	10
		0.4~0.6	K10	300~150	10			
镁合金		0.1~0.2	K10	1500~1000	15	K10	1200~800	15
		0.2~0.4	K10	1200~800	15	K10	1000~600	15
		0.4~0.6	K10	1000~600	10			

钻头加工的切削条件

工件材料			钻头直径/mm	进给量/(mm/刃)	切削速度/(m/min)	顶角/(°)
材料名称	拉伸强度(硬度)/(kgf/mm²)	牌号				
工具钢,热处理钢	85~120	K10 K20	3~8 8~20 20~40	0.02~0.04 0.04~0.08 0.08~0.12	25~32 30~38 35~40	115~120
	120~180	K10 K20	3~8 8~20	0.02 0.04~0.06	10~15 12~18	115~20
淬火钢	>HRC50	K10 K20	3~8 8~20	0.01~0.02 0.02~0.03	8~10 10~12	120~140
锰钢(锰的质量分数为12%~14%)		K10 K20	8~20	0.03~0.05	10~16	120~140
铸钢	>70	K10 K20	3~8 8~20 20~40	0.02~0.05 0.05~0.12 0.12~0.18	25~32 30~38 35~40	115~120
铸铁	>HB250	K10 K20	3~8 8~20 20~40	0.04~0.08 0.08~0.16 0.16~0.3	40~60 50~70 60~80	115~120
合金铸铁	HB250~HB350	K10 K20	3~8 8~20 20~40	0.02~0.04 0.03~0.08 0.06~0.16	20~40 25~50 30~60	115~120
合金铸铁	HB350~HB450	K10 K20	3~8 8~20 20~40	0.02~0.04 0.03~0.06 0.05~0.1	8~20 12~25 12~30	115~120
冷硬铸铁	HS65~HS85	K10 K20	3~8 8~20 20~40	0.01~0.03 0.02~0.04 0.03~0.06	5~8 6~10 8~12	120~140
延展性铸铁,球墨铸铁		K10 K20	3~8 8~20 20~40	0.03~0.05 0.05~0.1 0.1~0.2	40~45 45~50 50~60	115~120
黄铜		K10 K20	3~8 8~20 20~40	0.06~0.1 0.1~0.2 0.2~0.3	80~100 90~110 100~120	115~125
铸青铜		K10 K20	3~8 8~20 20~40	0.06~0.08 0.08~0.12 0.12~0.2	50~70 55~75 60~80	115~125
铝合金	>HB80	K10 K20	3~8 8~20 20~40	0.06~0.1 0.1~0.18 0.18~0.25	100~120 110~130 120~140	115~120
铝合金(Si的质量分数在14%以上)		K10	3~8 8~20 20~40	0.03~0.06 0.06~0.08 0.08~0.12	50~60 55~70 60~80	115~120
热硬化性树脂(有填充物)		K10	3~8 8~20 20~40	0.04~0.06 0.06~0.12 0.12~0.2	60~80 70~90 80~100	80~130
硬纸		K10	3~8 8~20 20~40	0.08~0.12 0.12~0.18 0.18~0.25	60~100 80~120 100~140	90
玻璃		K10 K20	3~8 8~20	手动进给	8~12 10~14	见玻璃加工用钻
陶瓷器		K10 K20	3~8 8~20 20~40	手动进给	5~8 7~10 9~12	90
大理石,合成石板,瓷砖,瓦		K10 K20	3~8 8~20 20~40	手动进给	18~24 21~27 24~30	见大理石加工用钻
硬质岩石,混凝土		K10 K20	3~8 8~20 20~40	手动进给	3~5 4~6 5~8	90

铰刀加工的切削条件

工件材料			铰刀直径/mm	背吃刀量/mm	进给量/(mm/刃)	切削速度/(m/min)
材料名称	拉伸强度(硬度)/(kgf/mm²)	牌号				
钢	<100	K10	<10 10~25 25~40 >40	0.02~0.05 0.05~0.12 0.12~0.2 0.2~0.4	0.15~0.25 0.2~0.4 0.3~0.5 0.4~0.8	8~12
	100~140	K10	<10 10~25 25~40 >40	0.02~0.05 0.05~0.12 0.12~0.2 0.2~0.4	0.12~0.2 0.15~0.3 0.2~0.4 0.3~0.6	6~10
铸钢	40~50	K10	<10 10~25 25~40 >40	0.02~0.05 0.05~0.12 0.12~0.2 0.2~0.4	0.15~0.25 0.2~0.4 0.3~0.5 0.4~0.8	8~12
	50~70	K10	<10 10~25 25~40 >40	0.02~0.05 0.05~0.12 0.12~0.2 0.2~0.4	0.12~0.2 0.15~0.3 0.2~0.4 0.3~0.6	6~10
铸铁	<HB200	K10	<10 10~25 25~40 >40	0.03~0.06 0.06~0.15 0.15~0.25 0.25~0.5	0.2~0.3 0.3~0.5 0.4~0.7 0.5~1.0	8~12 10~15
	>HB200	K10	<10 10~25 25~40 >40	0.03~0.06 0.06~0.15 0.15~0.25 0.25~0.5	0.15~0.25 0.3~0.5 0.4~0.8	6~10 8~12
延展性铸铁,可锻铸铁		K10	<10 10~25 25~40 >40	0.02~0.05 0.05~0.12 0.12~0.2 0.2~0.4	0.15~0.25 0.2~0.4 0.3~0.5 0.4~0.8	8~12
铜		K20	<10 10~25 25~40 >40	0.04~0.08 0.08~0.2 0.2~0.3 0.3~0.6	0.3~0.5 0.4~0.8 0.5~1.0 0.6~1.2	20~30 25~40
黄铜,铸造青铜		K20	<10 10~25 25~40 >40	0.03~0.06 0.06~0.15 0.15~0.25 0.25~0.5	0.2~0.3 0.3~0.5 0.4~0.7 0.5~1.0	15~25 20~30
铝合金		K20	<10 10~25 25~40 >40	0.03~0.06 0.06~0.15 0.15~0.25 0.25~0.5	0.2~0.3 0.3~0.5 0.4~0.7 0.5~1.0	15~25 20~30
热硬化性树脂(有填充物)		K10	<10 10~25 25~40 >40	0.04~0.08 0.08~0.2 0.2~0.3 0.3~0.6	0.3~0.6 0.4~0.8 0.5~1.0 0.6~1.2	15~25 20~30

硬质合金刀具的基础知识

车刀的切削刃角度

1 前角

一般钢材	5°~15°
软质材料	15°~30°
断续切削	−3°~−5°
高硬材料	−5°~−10°

2 刃倾角

−3°~−5°	切削刃受到比较强的间断力的冲击时
−10°~−20°	刨削或成形加工时

3 主偏角

关于车刀切削刃的表示方法和它的名称，在 JIS B4011—1971 中已有规定，但对于珩磨以及断屑槽等没有特别规定，常常由各个制造商按自己的习惯称呼。如图所示是根据 JIS 的表示方法，对切削刃的各个角度用角度计来指明。

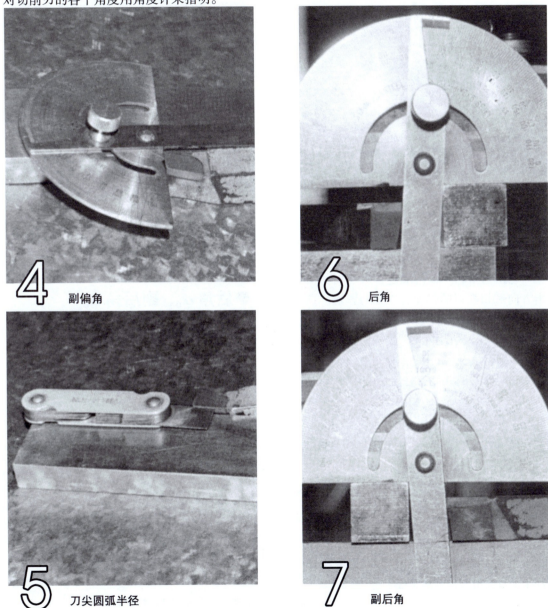

4　副偏角

6　后角

5　刀尖圆弧半径

7　副后角

车刀切削刃角度的作用

●**前角**

前角越大，切削阻力越小，楔角也越小，但是切削刃的强度就会降低。对不同材料取的角度也有所不同，一般情况是5~15°。

●**主偏角**

主偏角受切屑厚度和切削刃强度的影响。切削刃损伤比较厉害时这个角度要大些。

●**刃倾角**

它由前角和主偏角决定，对切屑的流出方向和切削刃的强度有很大的影响。这个角度一般取0°或是6°，在断续切削且负荷较大的情况下采用-5°左右（中心下移）。

●**副偏角**

它对车刀的强度有一定影响。此外,在精加工时为了提高加工面的精度，方法之一是采用平面，即副偏角取0°或是接近于0°。

●**后角**

后角的大小由车刀的每转进给量和工件的直径决定，并要使切削刃不至于碰到工件的表面。

●**刀尖圆弧半径**

它会大大影响刀尖的强度和工件表面的加工精度，一般要综合考虑进给量和进刀深度来决定刀尖圆弧半径。

●**前角 γ_o** （正交平面内的前角）

切削阻力大　　　　小 ◄————► 大　　　切削阻力小
切削刃强度大　　　　　　　　　　　　切削刃强度小

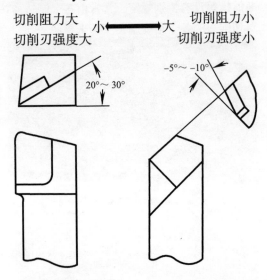

$20° \sim 30°$　　　　$-5° \sim -10°$

▲正前角的例子　　　　▲负前角的例子

●**后角 α_o、副后角 α_o'**

钢、铸铁切削：5°~8°
轻合金切削：10°~15°
振纹或是较差的条件：0°~2°

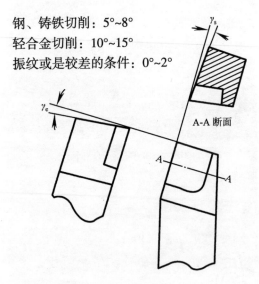

γ_s

γ_e

A-A 断面

A

A

▲两个后角与工件材料的关系

● 主偏角 κ_r

切削刃强度小　小 ⟷ 大　切削刃强度大

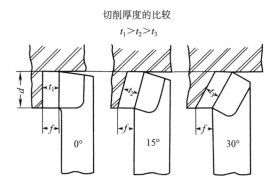

切削厚度的比较

$t_1 > t_2 > t_3$

▲主偏角不同，产生的切屑厚度也不同

● 刃倾角 λ_s

切削刃强度大　小 ⟷ 大　切削刃强度小

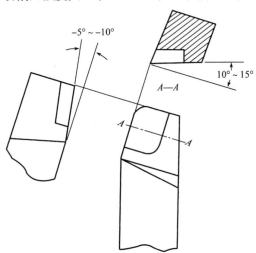

▲断续切削（用刨刀）时

● 副偏角 κ_r'

加工面好　小 ⟷ 大　加工面差

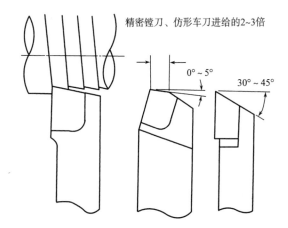

精密镗刀、仿形车刀进给的2~3倍

▲精密镗削和仿形车削时

● 刀尖圆弧半径 R

加工面差　小 ⟷ 大　加工面好

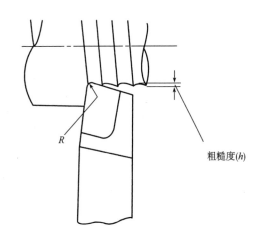

粗糙度(h)

▲R与表面粗糙度的关系

车刀切削刃的应用实例

● SWC 车刀

这是应用二段式前角车刀的例子。取大的前角，并且沿着切削刃取负角度的面，以此来增加切削刃的强度。

● 成形车刀

车刀的切削刃斜角取负值，以吸收对车刀的冲击力；前角取正值，以防止切削阻力增加。

● 倾斜直线刃车刀

当工件的精加工面有特别的要求时可以使用这种车刀。与一般的车刀不同，它把直线刃变为倾斜刃，从而接触加工面来进行切削。原则是背吃刀量取 0.5mm 以下。

0.5

进给量为 0.5

30°

30

第一前角

● SWC 车刀

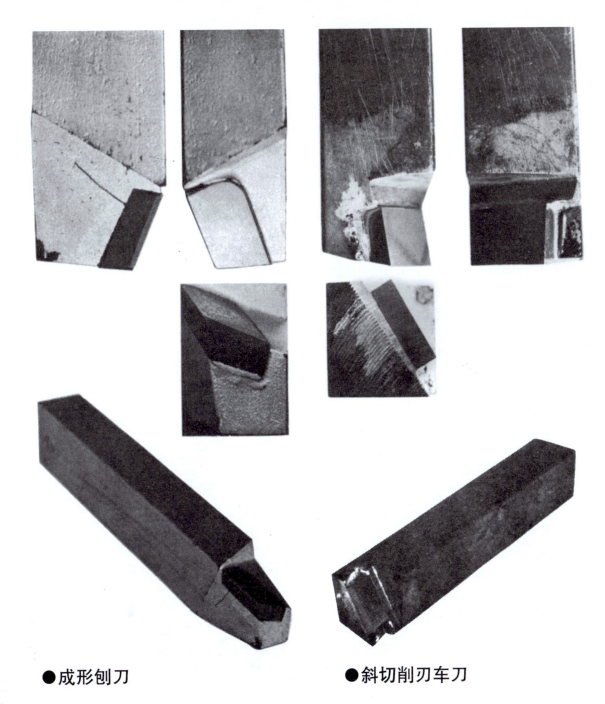

●成形刨刀　　　　　　　　　●斜切削刃车刀

车刀的使用方法

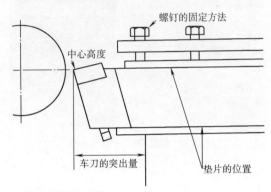

▲车刀的装夹方法

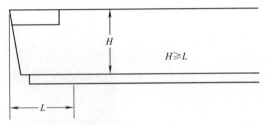

$$H \geqslant L$$

▲车刀的突出量要比车刀的高度小

●车刀的装配

把车刀装到刀架上时，先将一块垫片垫在车刀下，可能的话在车刀上面也加一块垫片，然后用螺钉将刀架固定。车刀的突出量大约和车刀刀杆的高度差不多。

固定螺钉不能只用一枚，一定要用两枚以上。

●尾座顶尖套的突出

使用顶尖时，套筒的突出量一定不要大于必须突出的长度。

●断屑槽的选定

断屑槽必须根据切削条件来改变，一般来说槽的深度为 0.5mm，宽度应为进给量的 10~15 倍。为改变切屑的流向，选择沿着切削刃有斜度的断屑槽为好。

关于断屑槽的形式，除了磨入式的，还有如夹紧式车刀那样的拉筋式的。

●夹紧时要充分利用卡盘的全长

在夹紧工件时，要把工件尽量塞入卡盘，使装夹牢固。

▲螺钉要牢牢地固定好

●顶尖套的突出量

▲尾座顶尖套筒的突出量不要大于必须突出的长度

●断屑槽

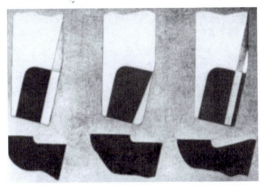

▲平行型　　　▲带角度型　　　▲带沟槽型

●卡盘的夹紧方法

▲把工件尽可能地塞入卡盘中

铣刀切削刃各个角度的名称不像车刀那样在 JIS 中有规定，通常使用的名称见本页。

铣刀的切

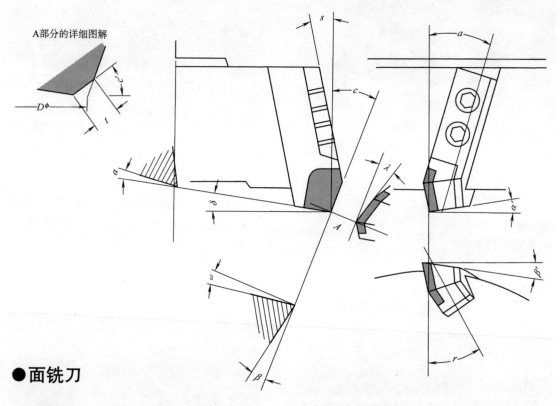

A部分的详细图解

●面铣刀

a : 背前角 (axial rake angle)

r : 侧前角 (radial rake angle)

c : 余偏角 (corner angle)

w : 前角（外周切削刃前角）

λ : 刃倾角

α : 正面切削刃后角

α': 端面后角

β : 后角

β': 侧后角

δ : 端面切削刃角

c' : 倒棱（或为削去角，chamfer angle）

s : 边缘角 (skirt angle)

t : 倒棱宽度 (chamfer width)

需要注意的是：

1）角度有两段以上时，从切削刃前端或是切削刃的棱开始依次称为"第一××角"、"第二××角"等。

2）刀杆部分的各个角度称为"刀杆部××角"。

削刃角度

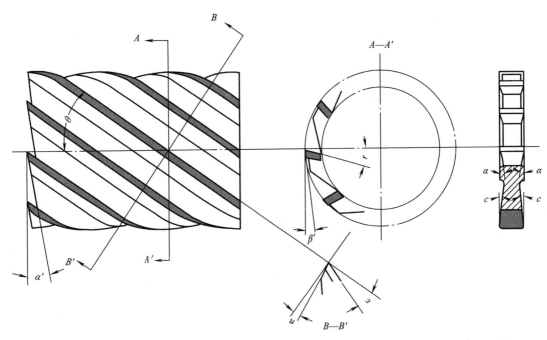

●面铣刀

θ：螺旋角
r：侧前角
α'：背后角
β'：侧后角
w：前角
u：后角
a：侧面后角
c：背锥

●三面刃铣刀

需要注意的是：

1）角度有两段以上时，从切削刃前端或是切削刃的棱开始依次称为"第一××角"、"第二××角"等。

2）刀杆部分的各个角度称为"刀杆部××角"。

前角

前角是侧前角、背前角和余偏角这三个角度的合成角，它是关系到切削阻力和切削刃强度的一个重要角度。这个角度合成的算法如图所示，即把表示侧前角和背前角的点用直线连接，此直线和表示余偏角的垂直线相交，得到的交点向中央的前角刻度对应，即得到所求的前角角度。

这个角度根据被加工材料的不同而不同。在被加工材料为轻合金或软钢等比较软的材料时要取比较大的角度（15°~20°），一般的钢材取 0°~6°左右。切屑韧性比较强的时候或是切屑不容易排出的时候取-10°~-3°左右。最近的机器功率比较大，所以有时也有取-30°~-20°左右。

前角一览表

$$\tan T = \tan R \cdot \cos C_H + \tan A \cdot \sin C_H$$

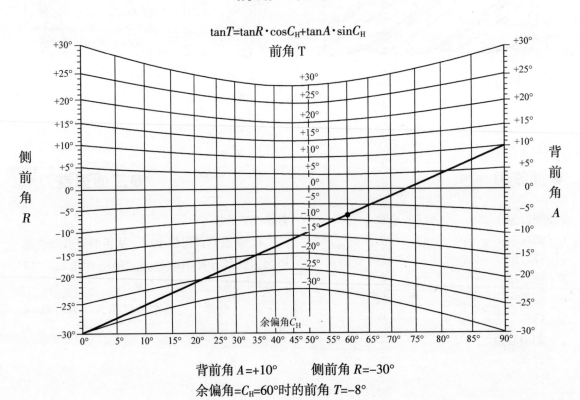

背前角 A=+10°　　侧前角 R=-30°

余偏角=C_H=60°时的前角 T=-8°

110

刃倾角

刃倾角和切屑的流出方向有很大关系，一般取正值。特别要提到的是在切削薄板时，如果取正角度，则加工物会有被带起来的可能，这时应取负角度或者是角度为0°。

当切屑的混入缠绕成为主要问题时应使侧前角成为负角，刃倾角成为正角，这样可以使切屑排到切刀的外侧。

刃倾角一览表

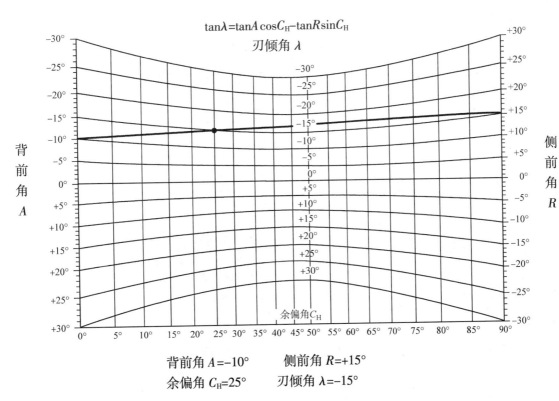

$$\tan\lambda = \tan A \cos C_H - \tan R \sin C_H$$

背前角 A＝$-10°$　　　侧前角 R＝$+15°$

余偏角 C_H＝$25°$　　　刃倾角 λ＝$-15°$

侧前角

侧前角是指从铣刀的正面看，切削刃与切削刃前端和铣刀中心连线的夹角。这个角度有正负之分。如图所示为这个角度变化时切屑的变化状态。

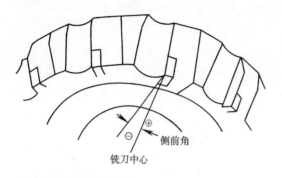

▲侧前角的变化和切屑的变化

背前角

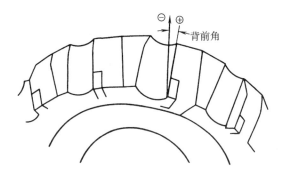

背前角

⊖ ⊕

背前角是指从铣刀的侧面看，切削刃与铣刀回转中心轴的夹角。这个角度有正负之分。侧前角和背前角的各种组合，会对切削刃是否容易出现缺口产生影响，这是影响工具寿命的要素。如图所示为这个角度变化时切屑的变化状态。

▲背前角的变化和切屑的变化

余偏角

余偏角是指从铣刀的轴向剖面看，切削刃相对于回转中心的倾斜角。如图所示为这个角度变化时切屑的变化状态。

从图中可以看出，即使背吃刀量一样，切屑的宽度也不同。如果切屑的宽度大，其厚度就小。此时相对来说压力被分散到较宽的范围内，单位压力就变小。这跟车刀单刃和双刃的区别是一回事。

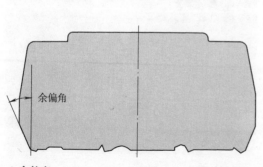

▲余偏角

▲余偏角的大小和切屑的变化

二段前角

一般来说切削工具的前角取得较大的话，切削阻力会减小，然而切削刃强度的问题就很容易发生。

例如在讲 SWC 车刀时所介绍的情形（参见 104 页），铣刀也是将切削刃部分的前角制成二段，就是说第一段取负角，第二段则取大的正角。第一段的负角部分如果在一定的范围内（由进给关系来决定），切削刃就能保持充分的强度，并且切削抗力也会减小。

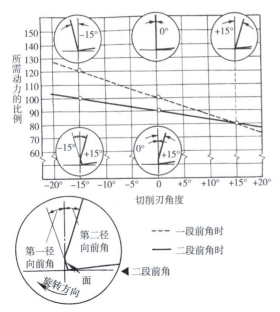

▲二段前角与动力消费的关系

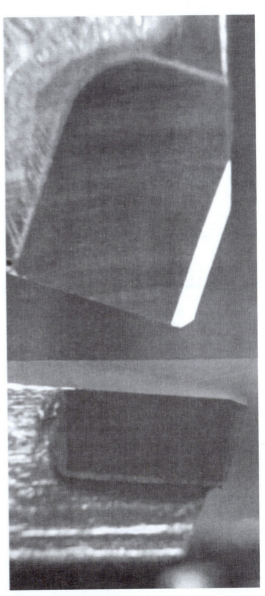

▲面铣刀齿的二段前角

加工面的粗糙度

铣刀加工面的粗糙度一般为 $R_a12\sim24\mu m$ 左右，在需要好的粗糙度时，可以在正面部分的切削刃中设置平行切削刃（flat land），以将多条切削刃加工时产生的不平面加工平整，这样可以得到 $R_a6\mu m$ 左右的粗糙度。

然而要进行这个平行切削刃的切削相当困难，因为在铣刀装在机床上时要把这些切

削刃加工成需要的形状很不容易，所以有了采用具有特别齿的铣刀来加工的方法。

这种铣刀齿的切削面制成如条头糕的形状，正好相当于平行切削刃取大的半径(圆弧)。这样的话几乎不受装配精度的影响，就能够加工出精度高的面来。

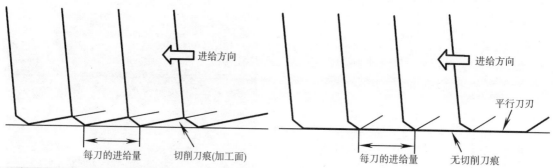

▲每刀进给量大的时候刀痕也变大（加工面变差），设置了平行切削刃后，进给量在平行切削刃宽度范围内时不会产生切削刀痕（加工面变好）

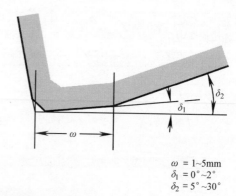

ω = 1~5mm
δ_1 = 0°~2°
δ_2 = 5°~30°

▲为使粗糙度变好采用的平行切削刃

116

▲具有圆形面的微型铣刀

约 $R50\sim80$

▲把相当于平行切削刃的部分制成 R 形的齿

铣刀的使用方法

首先不要选错铣刀，这是理所当然的，一旦选好，就要充分利用它。下表所列为对应于铣床的额定功率和各种加工材料的切屑排出能力（每分钟的可切削量）。请以这个为基准来高效率地设定切削条件。

从铣刀的角度来看，为更好地发挥其性能，应注意以下几点：

● 铣刀的进刀角要在 30° 以下，以这个标准来决定铣刀的位置。

● 为了不至于产生切屑缠绕现象，要注意工件材料的大小和铣刀直径的关系（参见 80 页）。

● 原则上，用没有齿隙消除装置的旧式铣床加工时采用逆铣，用有齿隙消除装置的新式机械时采用顺铣。

● 在镗床等上面使用切削刀时，主轴的突出量要尽量小。

● 心轴要选择粗的、刚性好的。

铣床的额定功率和切屑排出能力

下表提供了对于已选定的铣刀所容许的切削条件的大致范围。

每分钟可能的切削量　　　　　　　　　　　$1cm^3/min = 1000mm^3/min$(100%负荷)

工件材料	额定功率	5	10	20	30	40	50
钢	软	32	75	163	295	425	570
	普通	26	55	127	212	310	425
	硬	18	41	93	163	228	310
可锻铸铁		34	77	180	295	425	590
铸铁	软	52	116	260	455	670	880
	普通	32	75	163	295	425	570
	硬	26	55	127	212	310	425
黄铜 青铜	软	77	163	390	670	980	1280
	普通	54	118	275	490	700	910
	硬	26	55	127	245	325	425
铝		90	195	440	780	1100	1500

刀具的损伤及其对策

擦伤磨损

如图所示，当后面有相当厉害的条状磨损发生时，采用细粒子材料的刀具，并且要经过高温淬火来增强其硬度和强度。这儿推荐含微量碳化钽的材料。

具体如下面的例子所示，请按箭头的方向来选定材料。

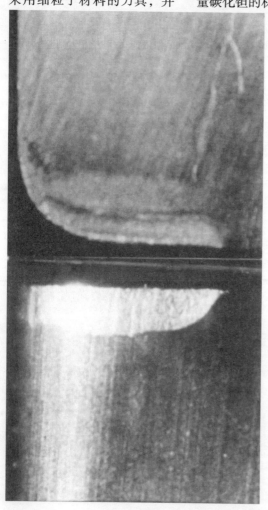

例： K10 用途材料 ⟹ K05 用途材料

120

月 牙 洼

当前面有相当厉害的凹状磨损发生时，应考虑高温时的扩散和强度，推荐使用碳化钛、碳化钽含量高的材料。

具体如下面的例子所示，请按箭头的方向来选定材料。

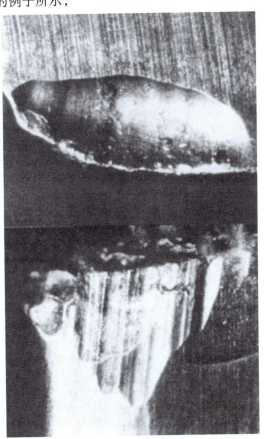

例: P20 用途材料 ⟹ P10 用途材料

崩　刃

当后面有细小的碎粒落下时，再仔细地研磨刀尖，对切削刃也要进行珩磨，可以大幅度地减少碎屑。

对于那些在加工时需要采用大的前角的材料（比如说软钢），请参照下面的例子来选定工具材料。

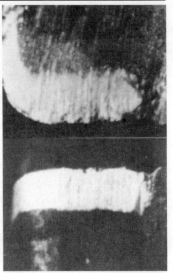

例：　　　　K10 用途材料 ⟹ K20 用途材料

热 龟 裂

当前面或后面产生严重的裂缝时，推荐使用热传导性能好、不易产生热疲劳的 M 系列用途材料。

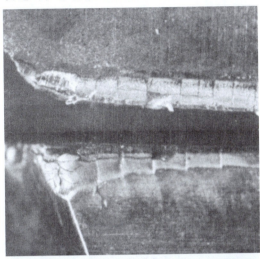

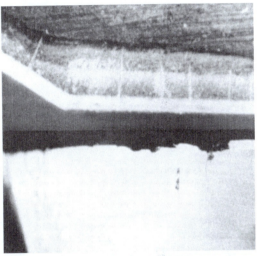

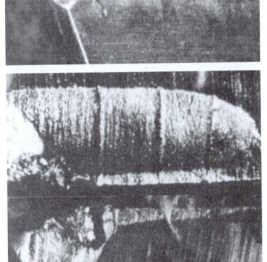

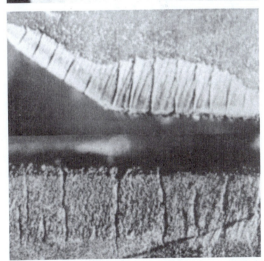

例：　　　　　P20 用途材料 ⟹ M20 用途材料

缺　口

　　沿着刀刃产生比较大的缺口时，为了加强切削刃的耐冲击性，将前角向负的方向修正。

　　如果改变刀刃形状也无效果时，选择韧性高的材料。

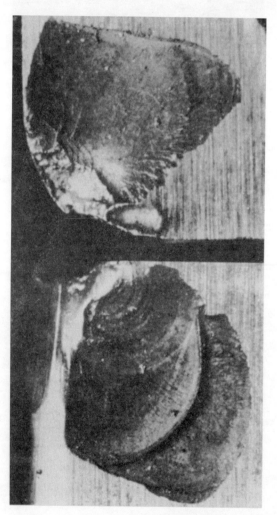

　　例：　　　P20 用途材料⇨P30 用途材料

异常碎屑

由于发热而在刀刃上产生严重的缺口时，可降低切削速度，或者使用耐高温的材料。请参照下面的例子。

例： **P10 用途材料 ⇨ M10 用途材料**

积屑瘤的剥离

很多场合下，在前面（或后面）去除积屑瘤时，会发生切削刃被剥离的现象。这种情况下要选择大的前角，或者提高切削速度。

如果以上措施不见效，可选择钴含量较高的材料。还有，在提高切削速度的情况下可选择以碳化钛为主要成分的陶瓷合金系列的材料。最后对各种方法进行比较后再选定。

例：　　P20 用途材料 ⇨ M30 用途材料　　选择大的前角

塑 性 变 形

对于切削中由于高热而产生的刀刃塑性变形，可选择钴含量低的、高温时强度高的材料。

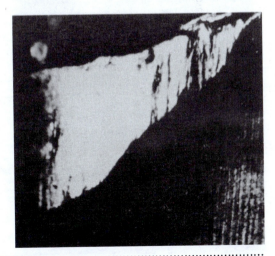

例：　　　P30 用途材料 ⇨ P20 用途材料

成片剥离

由于切削中的振动，工件材料产生弹性变形，在前面出现剥离现象，此时可选择钴含量高的、韧性好的材料。

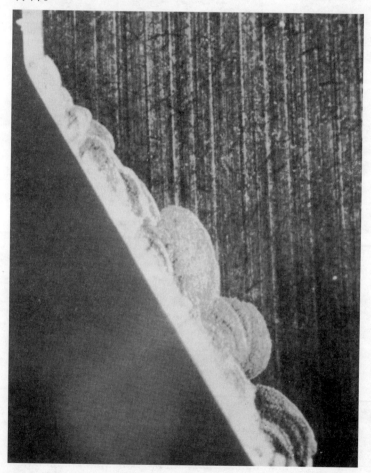

例: K10 用途材料 ➩ K20 用途材料

各种损伤的相互关系

120 页到 128 页中描述了各种切削刃的损伤。这些损伤只发生一种的时候相当少，几乎常常是互相关联而同时发生。把它们综合起来，正如这页的图所示。

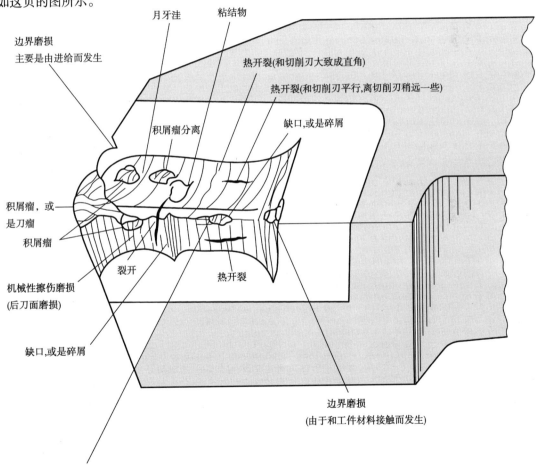

月牙洼

粘结物

边界磨损
主要是由进给而发生

热开裂(和切削刃大致成直角)

热开裂(和切削刃平行,离切削刃稍远一些)

积屑瘤分离

缺口,或是碎屑

积屑瘤, 或
是刀瘤

积屑瘤

裂开

热开裂

机械性擦伤磨损
(后刀面磨损)

缺口,或是碎屑

边界磨损
(由于和工件材料接触而发生)

由于应力变化而产生疲劳裂缝
(常发生在接近切削刃的部分,大致与切削刃平行)

与损伤有关联的特性及其组成

　　前面已经介绍了各种损伤，现在对各种损伤发生的机理、与损伤有关联的硬质合金刀片的特性以及它们的组成进行概括，见下表。

损伤分类	损伤形态	机　　理	与之有关的特性及组成
擦伤磨损	磨损	在摩擦热比较少的时候，由工件材料中的硬质颗粒或是从硬质合金上落下的微小颗粒引起更小颗粒的脱落	硬度，压缩强度，Co 的含量，WC（碳化物）颗粒的大小
热磨损	磨损	在高温下使用时，或是由于摩擦热，合金的结合强度变低，促进了磨损	硬度，压缩强度，热传导率，Co 的含量，TiC 以及 TaC 的含量
积屑瘤	磨损，月牙洼，小的碎裂	在高压下进行摩擦，工件材料和刀具局部附着，当其强度高于合金的结合强度时，发生细微的脱落，由此产生磨损和碎裂	硬度，压缩强度，韧性，Co 的含量
粘结扩散	月牙洼	在高温、高压下，刀具和工件材料接触时，或者是产生大量的摩擦热时，由于粘结和扩散，合金发生变质而劣化，加快了磨损	TiC、TaC 以及 Co 的含量，WC（碳化物）颗粒的大小
塑性变形	变形，凹下，突起，切削刃歪下，缺口，磨损	由于高温使强度变低，或是受到弹性极限以上的力时，使粘结层变形，然后产生缺口、开裂等	硬度，压缩强度，弹性极限，韧性，Co 的含量
缺口裂缝	开裂，崩坏，崩刃	内部变形，机械冲击，塑性变形，由于反复的应力变化发生疲劳，或是超过临界强度时在局部发生崩坏或是开裂，严重时成为破坏	韧性，拉伸强度，承受冲击力的特性，Co 的含量，WC（碳化物）颗粒的大小
热开裂	开裂，崩坏	由于热冲击或是局部加热，发生开裂以至于破坏	韧性，热膨胀率，热传导率，TiC、TaC 以及 Co 的含量

加工中发生的故障及解决方法

例 1 仿形车床上所用车刀的断屑槽
（汽车零件的仿形切削）

工件材料：S55C（HS35）
加工机械：仿形车床
工　　具：E22L—44（TNUB432　TX10D）
条　　件：

加工部位条件	①	②
转速	1200r/min	600r/min
切削速度	75m/min	150m/min
进给量	0.34mm/r	0.17mm/r
背吃刀量	5mm	5mm

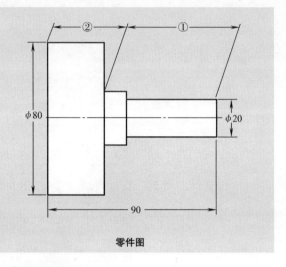

零件图

●结果

作业中，在加工尺寸②时切屑缠住刀具，发生了刀片缺损。改变刀片断屑槽之后，避免了刀片的缺损，自动化切削也变成可能。

●总结

影响切屑成为卷形的部分，是剪断面和切削刃接触面构成的三角形区域（如图所示的斜线部分），主要问题是这个区域存在的能量是否足以使切屑成为卷形。从纵向进给换到横向进给时，切屑的流向会改变，即本来一直是沿着刀刃的直角方向流动的切屑会转变为沿刀刃的倾斜方向流动。这时前角的减少量非常小，但由于只由断屑槽的肩来提供的使切屑变形的能量大减，所以切屑伸长流出，以至于缠绕到刀具或工件上。这种情况下就需要对变形部分进行能量的补充，也就是说，如何高效率地使用断屑槽的肩来获得变形能成为必须解决的问题。

132

通常使用的刀片断屑槽

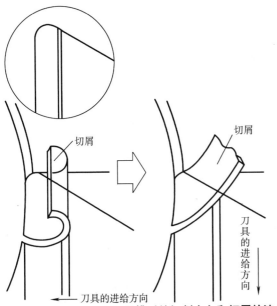

▲使用通常的刀片断屑槽时的切削方向和切屑的流向

▲使用通常的刀片断屑槽时产生的切屑

改良后的刀片断屑槽

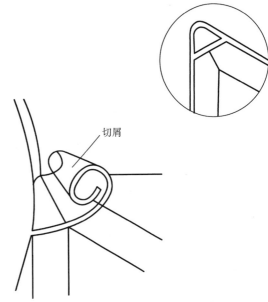

▲使用改良后的刀片断屑槽时切屑的流向

▲改良后的刀片断屑槽和产生的切屑

133

133 页右图所示是使用不同于一般的断屑槽来获得变形能的例子。

下面的表中给出了市面上所提供断屑槽的适用范围。改良型断屑槽的适用范围如右图所示。

▼刀片断屑槽选定的大致标准

表中所列为用 TAC 车刀的 E 型来加工 SCM-440，切削速度为 100m/min 时，对应于各种断屑槽形状的背吃刀量和进给量的关系。表中的数值为进给量的范围。

(单位:mm)

断屑槽代号	背吃刀量	0.5	1.0	2.0	3.0	4.0	5.0
P 级刀片	A	0.075 以上	0.15~0.30	0.15~0.25			
	B	0.15 以上	0.20~0.30	0.20~0.30			
	C			0.20~0.34	0.20~0.32	0.20~0.32	0.20~0.32
	D				0.25~0.70	0.25~0.64	0.25~0.52
	E				0.30~0.70	0.30~0.65	0.30~0.60
U 级刀片	F		0.15~0.30	0.10~0.25	0.15~0.20		
	G		0.20~0.70	0.25~0.52	0.20~0.40	0.20~0.33	0.20~0.29
	H		0.25~0.84	0.25~0.63	0.25~0.52	0.25~0.45	0.25~0.40

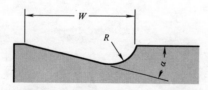

P 级刀片断屑槽的尺寸

(单位:mm)

断屑槽代号	W	$\alpha/(°)$	R
A	1.2	14	0.4
B	1.5	14	0.5
C	2.0	14	1.0
D	2.5	10	2.0
E	3.0	10	2.0

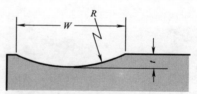

U 级刀片断屑槽的尺寸

(单位:mm)

断屑槽代号	W	t	R
F	1.2	0.10	1.8
G	1.8	0.15	2.8
H	2.3	0.20	3.4

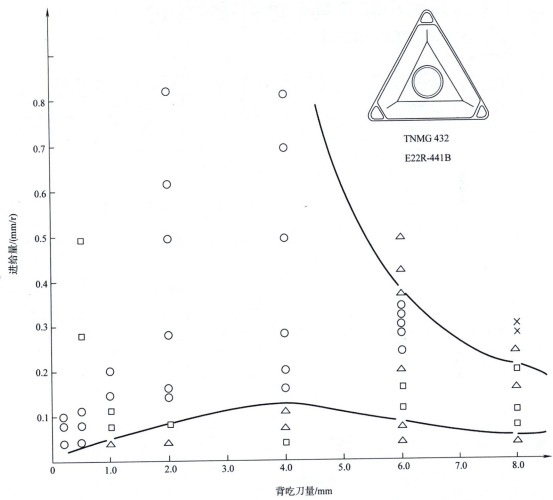

TNMG 432

E22R-441B

工件材料：SCM-440（Hs27±2）

切削条件：v=70m/min

f=0.04~0.84mm/r

d=0.2~8.0mm

○ 良好的切屑

□ 良好的连续切屑

△ 不稳定的切屑

× 有缠绕、飞散的切屑

▲改良型断屑槽的适用范围

135

例 2 后角大小和刀具寿命关系的探讨
（电气零件的端面加工）

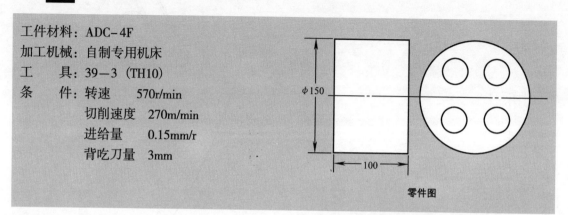

工件材料：ADC-4F
加工机械：自制专用机床
工　　具：39-3（TH10）
条　　件：转速　　　570r/min
　　　　　切削速度　270m/min
　　　　　进给量　　0.15mm/r
　　　　　背吃刀量　3mm

φ150

100

零件图

●结果

以前的做法是在切削时将标准车刀的前角取得大些，不多时就会发现切削刃变钝，加工面的表面粗糙度增大。如果不仅是前角取得大些，把后角也加大，问题就解决了。

●总结

在 102 页已经介绍过，前角的大小会影响切削阻力的变化，它对切削热的产生也有影响。当前角变大时切削热减少，变小时切削热增加。像本例中铝的铸造物等特别容易受到切削热的影响，在这种情况下，为了不至于产生积屑瘤和发生粘结，可以选择非常快的切削速度，或者增大前角和后角，这样就可以使发热和粘结等现象发生的机率大大减少。

在这种情况下考察切削阻力和前角的关系，发现前角大小的变化不仅影响切屑的流出情况，还影响加在切削刃上的压力，这可以从切削刃上形成的黑色条纹清楚地看到。也就是说，对于减小切削阻力，本例中的方法很有效。

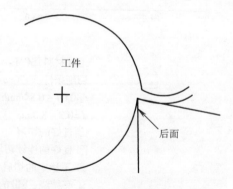

工件

后面

▲车刀的后面和工件材料接触会产生积屑瘤

后角为 0°，前角为 0°

▲产生了积屑瘤的切削刃和切屑

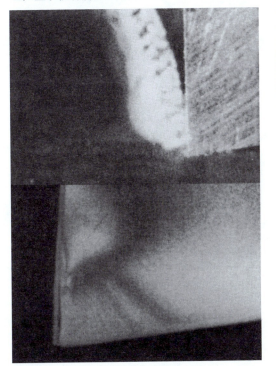

▲切屑很厚，对切削刃产生很大的压力

后角大，前角大

▲前角和后角取较大值时的切削刃

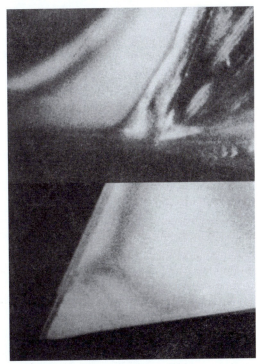

▲切屑很薄，切削刃受到的压力也较小

例 3 刀尖圆弧半径和加工面精度的提高
（机械零件的内径精加工）

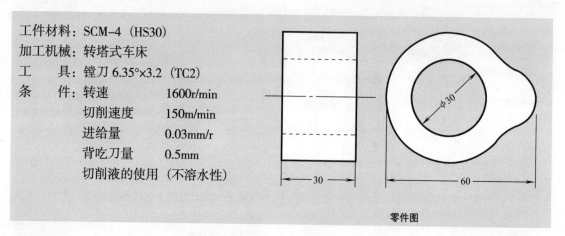

工件材料：SCM-4（HS30）

加工机械：转塔式车床

工　　具：镗刀 6.35°×3.2（TC2）

条　　件：转速　　　　　1600r/min

　　　　　切削速度　　　150m/min

　　　　　进给量　　　　0.03mm/r

　　　　　背吃刀量　　　0.5mm

　　　　　切削液的使用（不溶水性）

零件图

●结果

把刀尖圆弧半径从 $R0.4$ 变到 $R1.2$，每把刀寿命的差别会很大。把刀尖磨得光滑一些，再加大刀尖部分的后角，上述现象就消失了。

●总结

一般来说，要提高加工面精度的方法是：提高切削速度；减小进给量；使用切削液（油性）；在不产生振纹的范围内增大刀尖半径等。总要发生的问题是在每次进给的宽度

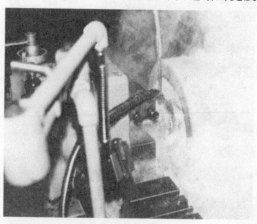

▲正在加工如图所示零件的内径

138

连接部分会产生毛刺。特别是用手工研磨刀尖后，看上去很光滑，但实际上是多角形，或者存在偏心。由于刀尖处有结合点或是多角形的角，切削刃就容易发生崩刃，加工表面的毛刺就特别多。

希望得到表面粗糙度较小的加工面时，选择适当的刀尖圆弧半径固然很重要，但使用机床研磨刀尖使其呈圆滑状态更为重要。

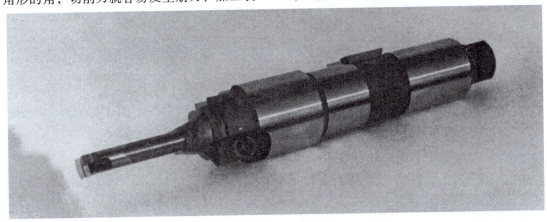

▲本次加工使用的刀具

▲好的刀尖圆弧半径

▲差的刀尖圆弧半径

▲用手工研磨时容易在刀尖圆弧半径上形成角的例子

139

例 **4** 切削刃的缺损和切削刃的珩磨
（汽车零件的外周切削）

工件材料：S20C(HS20)
加工机械：改造车床
工　　具：E22R—33(TNPR331)X407
条　件：转速　　　　2200r/min
　　　　切削速度　　100m/min
　　　　进给量　　　0.15~0.2mm/r(油压)
　　　　背吃刀量　　4mm(max)

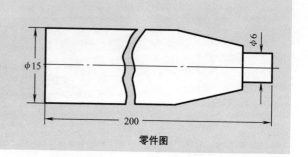

零件图

●结果

刀尖部分有缺损，寿命会缩短。对切削刃进行珩磨，寿命会增长。

●总结

一般来说，切削钢材时就要进行切削刃的珩磨，这个措施可以防止切削刃的碎裂以及在加工中切削刃粘上附着物，或是由于切削中的振动而产生崩刃、缺口。珩磨的宽度大约为进给量的 0.5~0.8 倍。

在本例中珩磨的效果相当明显。

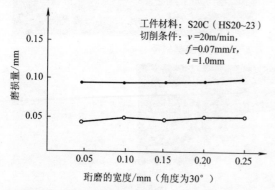

▲珩磨的宽度与磨损量的关系

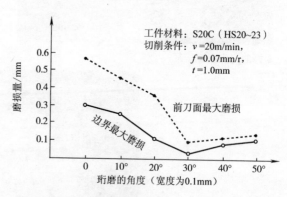

▲珩磨的角度与磨损量的关系

不进行珩磨

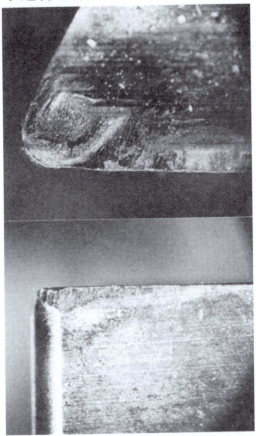

▲如果不进行珩磨，不仅刀片的磨损量大，而且由于发生崩刃会导致加工面的质量变差

进行珩磨

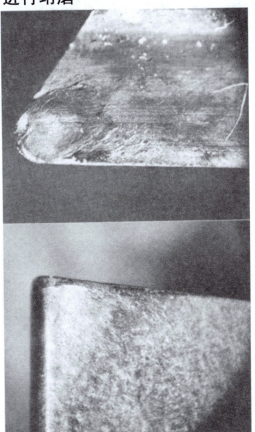

▲珩磨后刀片的磨损量变小

▲对切削刃进行珩磨的例子

例 5 切削液的效果
(汽车零件的外周切削)

工件材料：SS41（HS20）
加工机械：自动车床
工　具：E21R-33　TNPR 331（TC2）
条　件：转速　　　950r/min
　　　　切削速度　120m/min
　　　　进给量　　0.15mm/r
　　　　背吃刀量　1.5mm

零件图

ϕ40　ϕ3.7　600

●结果

一般加工了 30 个零件后切削刃就发生了崩刃，加工面出现毛刺。如果使用切削液，刀具的寿命可延长到能加工 80 个零件左右。

●总结

切削液不仅有防止工件材料和刀具温度上升的冷却作用，还有防止工件材料和刀具后面产生摩擦的润滑作用。这时，切削刃受这两个作用的影响，其后面不发生磨损和塑性变形，因此延长了刀具的寿命。

如图所示，如果刀片的材料、切削液的种类不同，磨损量也有所变化。

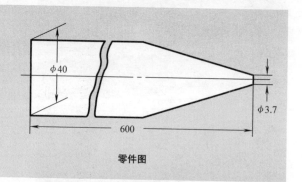

仅用刷子将切削液涂在切削刃上时，切削刃受到损伤并发生热裂

切削液给得充分，切削刃几乎不发生磨损，但在黑皮部分有崩落现象发生

▲采用合金陶瓷类材料（TC2）时切削液的影响

使用油性切削液时的性能

(S20C 车削试验)

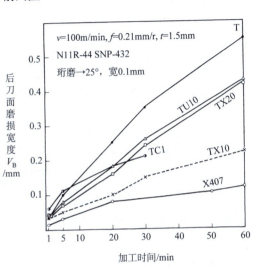

v=100m/min, f=0.21mm/r, t=1.5mm

N11R-44 SNP-432

珩磨→25°，宽0.1mm

后刀面磨损宽度 V_B /mm

加工时间/min

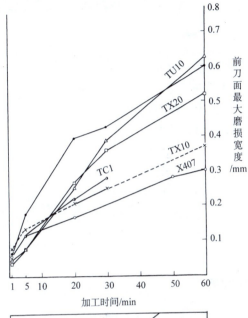

前刀面最大磨损宽度 /mm

加工时间/min

使用水溶性切削液时的性能

(S20C 车削试验)

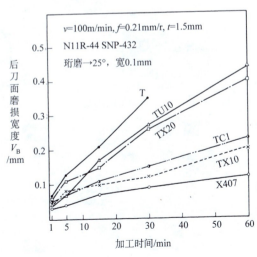

v=100m/min, f=0.21mm/r, t=1.5mm

N11R-44 SNP-432

珩磨→25°，宽0.1mm

后刀面磨损宽度 V_B /mm

加工时间/min

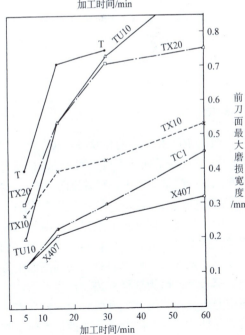

前刀面最大磨损宽度 /mm

加工时间/min

143

例 6 薄板切削时发生变形的对策

工件材料：S15C（HS20）
加工机械：龙门（刨式）铣床
工　　具：PD1006R（X407）
条　　件：转速　　　315r/min
　　　　　切削速度　150m/min
　　　　　进给量　　0.2mm/r
　　　　　背吃刀量　1mm

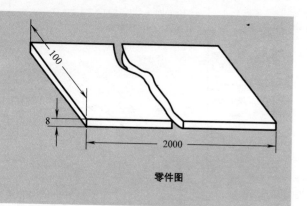

零件图

●结果

　　通常是使用 P10 刀片，但是由于切削热会发生变形，最后只好重新加工。后来使用装 X407 刀片的 PD1006R，其发热量减少，就没有必要重新加工了。

●总结

　　切削中产生的热量有 60%～70%流向切屑，20%～30%流向切削刃，剩下的流向工件材料（这些热量比较少，有时流向空中）。要是流向切削刃的热量多，即由于切削刃磨损，切削阻力增加，因此再有热量产生时，切削刃整体的温度上升，工件材料和切削刃之间的摩擦力变大，工件材料就会受到高温的影响。薄板就是因为这样的热而产生变形。要使用能经受得住温度上升的材料，如含有大量碳化钛的刀片，同时还要考虑如何使切屑的排出性能更好。

▲用 P10 刀片加工时的切屑

▲用 X407 刀片加工时的切屑

144

例7 加工硬化材料时铣刀齿数的选定
（模具钢切削）

工件材料：SKD11（HS30）
加工机械：立式铣床
工　　具：铣刀　　4108R（TX25）
条　　件：转速　　　130r/min
　　　　　切削速度　80m/min
　　　　　进给量　　0.2mm/r
　　　　　背吃刀量　3mm

零件图

100
70　φ150

●结果

　　使用8齿的铣刀时，切屑附在切削刃上发生缠绕而引起切削刃缺损。改用6齿的铣刀后情况就变得非常理想。

●总结

　　工件材料的温度上升是由于每个切削刃所产生热量的积蓄。也就是说，使热量积蓄得少一些的方法是只用一条切削刃来切削。但是这样的话效率会很低。综合考虑工件的形状、切削面积以及切削条件，在增加切削刃数而又使热量的积蓄不至于影响加工的条件下，发现为6齿时最理想。

▲使用8齿的铣刀时切削刃出现缺损，发生切屑缠绕现象

▲使用6齿的铣刀时切屑缠绕现象不再发生

例 8 对立铣刀进行珩磨的效果
（沟槽、台阶加工）

工件材料：SK7（HS28）

加工机械：夹具铣床

工　　具：大螺旋角（φ16mm）立铣刀

条　　件：切削速度　60m/min

　　　　　进给量　　0.05mm/r

　　　　　背吃刀量　4mm

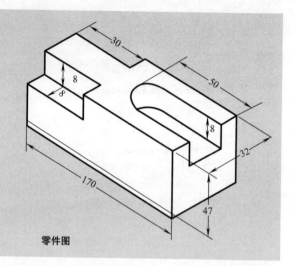

零件图

▲使用的立铣刀（大螺旋角，φ16mm）

▲如果切屑槽小，立铣刀会破损

●结果

用硬质合金立铣刀来切削钢材相当困难，因为切削中铣刀常会发生破损。究其原因，主要是切削中发生了振动和切屑的缠绕。对这种具有大螺旋角的立铣刀有必要进行珩磨，以防止上述现象的发生。进行珩磨后，切削的效果非常理想。

●总结

用立铣刀进行沟槽加工或挤压式加工时发生破损的原因往往是由于切屑的堵塞，即切屑槽和切屑的流出方向不对应，所以有必要使切削刃取倾斜方向。这样，流出性得到了改善，但随之发生的问题是如此形状的切削刃容易产生缺口。为保护切削刃，就要进行珩磨。

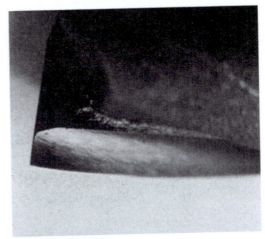

▲经过珩磨的切削刃

▲外周部分切削刃的珩磨（离端刃 0.03～0.05mm）

▲由于对切削刃进行了珩磨，改善了切屑的排出性能

例 9 用面铣刀得到 6S 以下的表面粗糙度
（机床的基座）

工件材料：FC25（HS30）
加工机械：龙门（刨式）铣床
工　　具：微型铣刀　TH10
条　　件：转速　　　130r/min
　　　　　切削速度　80m/min
　　　　　进给量　　0.1mm/r
　　　　　背吃刀量　0.5mm

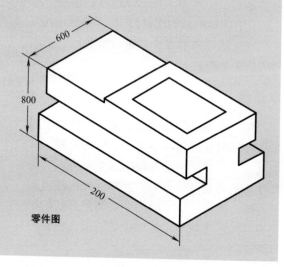

零件图

● 结果

　　通常的做法是在 full back 切削刀上的正面切削刃上加工出平面（plat land），但由于它已装夹在机床上，要加工到 0.01mm 以下相当困难。然而如果使用微型铣刀，只要对其副后面进行研削，装配时的不平度会被吸收，切削刃就会形成理想的排列状态，从而提高加工面的精度。而且装配比较简单，可以明显提高效率。

● 总结

　　为提高加工面的精度，在正面加工出平面是一般的做法，但由于装配时配合不好会发生不平整和倾斜等问题，在研磨时不能保证一定能达到精度要求。而使用前端有圆角的微型铣刀，就能够提高加工精度了。

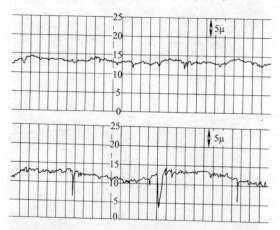

▲微型铣刀加工面（上）的表面粗糙度比较小，而使用平面时（下）有一个切削刃会周期性地破坏其平缓性

148

例10 侧面铣削加工场合切削刃的螺线
（铝材外形加工）

工件材料：杜拉铝
加工机械：超高速立式仿形铣床
工　　具：两把 φ80mm 立铣刀（旋角为 15°，径向为 0）
条　　件：转速　　　　3200r/min
　　　　　切削速度　　800m/min
　　　　　进给量　　　0.05mm/r
　　　　　背吃刀量　　1.5mm
　　　　　切削宽度　　150mm
　　　　　切削液　　　使用
　　　　　侧面铣削加工

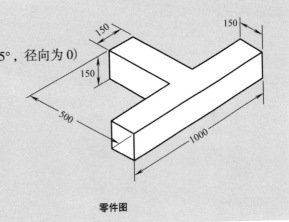

零件图

●结果

通常的做法是用直刃立铣刀来进行侧面铣削加工，但加工面的精度较差，需要进行

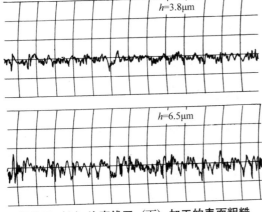

h=3.8μm

h=6.5μm

▲螺线刃（上）比直线刃（下）加工的表面粗糙度小

第二次切削加工。现在使用有 15° 螺线的立铣刀就解决了问题。

●总结

切削刃为直刃时，切削中的振动会直接影响切削面。切削刃为直刃时的实际前角比

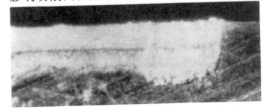

▲直线刃时，后面上切屑大量附着

斜刃时要小，故加工面的精度总是不理想。现在为减少发热，采取的措施是斜刃和切削液（雾状）并用。

例11

用铰刀加工孔时产生弯曲的对策
(汽车零件的孔加工)

工件材料：FC30（HS35）

加工机械：专用机床

工　　具：φ6×190×MT1（微合金）

条　　件：转速　　　　　　1050r/min

　　　　　切削速度　　　　20m/min

　　　　　进给量　　　　　0.3mm/r

　　　　　铰刀的加工余量　1mm

　　　　　切削液　　　　　使用

45

120

40

零件图

▲整体型铰刀

整体型铰刀。

●结果

一般是使用钎焊的铰刀，大约加工了50个孔后用定规检查，发现由于预制孔的加工余量有变化，导致加工后的孔产生弯曲，0.03mm/50mm 的棒形定规无法通过。改用刚性好的整体型铰刀后，这个问题就解决了。

●总结

在制造小直径的铰刀时，由于是钎焊，刀杆在一定程度上的软化无法避免，特别是在进行加工余量比较大的加工时，因为刀杆变软而常常只是沿着预制孔滚动，无法正常切削，所以在这种情况下应该使用刚性好的

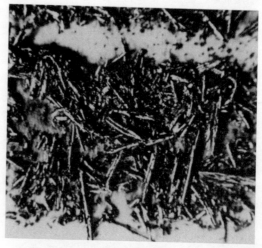

▲使用整体型铰刀时产生的切屑

例 12 用铰刀加工时的加工余量和表面粗糙度
(汽车零件的孔加工)

工件材料：S55C（HS20）
加工机械：专用机床
工　　具：$\phi 13 \times 280 \times$ MT2（微合金）
条　　件：转速　　　370r/min
　　　　　切削速度　15m/min
　　　　　进给量　　0.27mm/r
　　　　　加工余量　1.0~0.8mm→0.5mm 以下

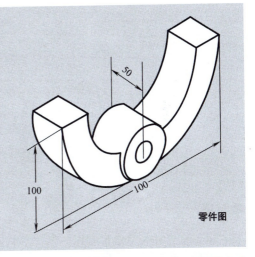

零件图

●结果

通常用钻头开了预制孔，再用空心钻加工，然后进行拉削。为了提高生产效率，计划在钻头加工后，使用铰刀来进行精加工。然而使用钎焊铰刀很难得到需要的加工精度，尺寸的公差范围也不稳定。此时可以减小留给铰刀的加工余量到 0.5mm 以下，孔的尺寸就可成功地限制在容许公差的范围内。

●总结

硬质合金铰刀的加工效果可以说取决于预制孔的状态，这么说一点也不过分。如果在加工预制孔时切削刃上有很多附着物，不可能得到预定的尺寸。所以对预制孔的要求是留下的加工余量要小，而且尺寸的误差也要小（为达到这些要求，可以使用硬质合金钻头）。还有，此时可使用导向套筒，刀刃抖动 0.01mm，加工余量为 0.3mm，约加工 900 个孔后再对刀具进行研磨。

▲由于存在附着物而变得粗糙的加工面

例 13 铰刀切削刃的精度和加工面的表面粗糙度
（汽车零件的加工）

工件材料：SCM4（HS35）
加工机械：改造钻床
工　　具：$\phi 5 \times 170$TH10
条　　件：转速　　　500r/min
　　　　　切削速度　8m/min
　　　　　进给量　　0.15mm/r
　　　　　加工余量　0.1mm/边
　　　　　切削液　　使用

$\phi 10$　　　$\phi 15$

50

零件图

●结果

加工面上留下很多条痕迹，在性能上也很不均匀。对铰刀进行仔细的研磨后，加工面的质量就会提高。

●总结

减小硬质合金铰刀的加工余量，似乎问题可以解决了。但随后发现刀刃上有附着物，加工好的零件中仍然有不良品。在仔细检查后，发现铰刀的切入部分有缺口。对此采取相应措施（即对铰刀进行仔细的研磨），便又恢复到稳定的状态。

▲使用切入部分有缺口的铰刀加工后的加工面

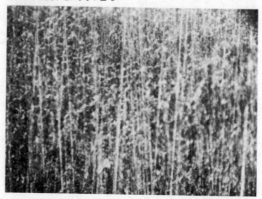

▲除去切削刃缺口，用硬度在 **600HRA** 以上的金刚砂磨料研磨后再进行加工后得到的孔的表面

▲铰刀切入部分有缺口的切削刃

例 14 铰刀的给油方法和加工面的表面粗糙度
（汽车零件的加工）

工件材料：FC30（HS30）
加工机械：改造机床
工　　具：$\phi 16 \times 280 \times MT2$（微合金）
条　　件：转速　　　　900r/min
　　　　　切削速度　　45m/min
　　　　　进给量　　　0.35mm/r
　　　　　加工余量　　1.0mm/ 两侧
　　　　　切削液　　　使用

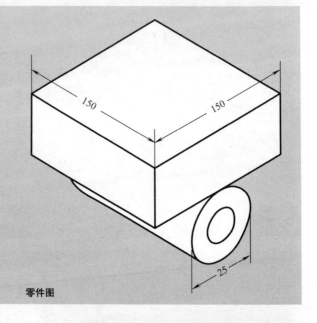

150 150 25

零件图

● 结果

　　用钻头加工后，计划只使用铰刀来进行孔的精加工。加工中发生切屑堵塞现象。最后从出口侧加润滑油使切屑流出，解决了这个问题。

● 总结

　　当孔的切削长度为其直径的 10 倍以上时，会发生切屑堵塞现象，这对加工面和尺寸精度都有很大的影响，所以有必要采取措施把切屑强制排出。使用枪管钻是方法之一，但是会牵涉到设备的问题。最后采用从出口侧注油的方法解决了问题。

▲ 由于给油不足而损伤的切削刃

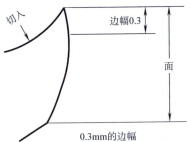

0.3mm的边幅

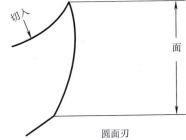

圆面刃

▲通常的接触部分（边幅）为 **0.3mm**，为了提高加工面的精度，对后面全部进行研磨使其成为圆形面

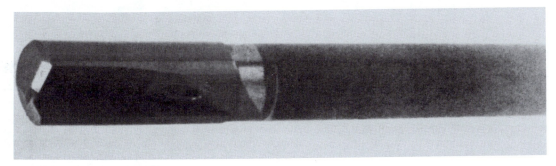

▲用于深孔精加工的枪管铰刀

155

例 15 硬质合金麻花钻的修磨
(Ni–Mo 钢的切削)

工件材料：Ni–Mo 钢

加工机械：摇臂钻床

工　　具：$\phi 20 \times 280 \times MT2$（微合金）

条　　件：转速　　　480r/min

　　　　　切削速度　30m/min

　　　　　进给量　　0.15mm/r

　　　　　深度　　　150mm

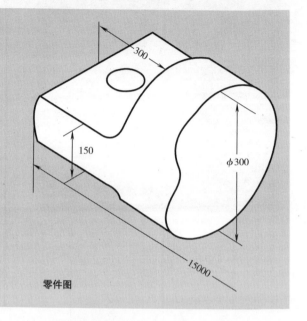

零件图

●结果

过去都是用 HSS 钻头进行加工，但是加工出来的孔径尺寸公差很大，在改用硬质合金钻头后，达到了为铰刀加工预制孔的要求。

●总结

在进行这种材料的加工时，如果不把钻头的横刃加工到一定程度，钻头的寿命就会减半，所以有必要对钻头进行机械式修磨。

▲使用的麻花钻

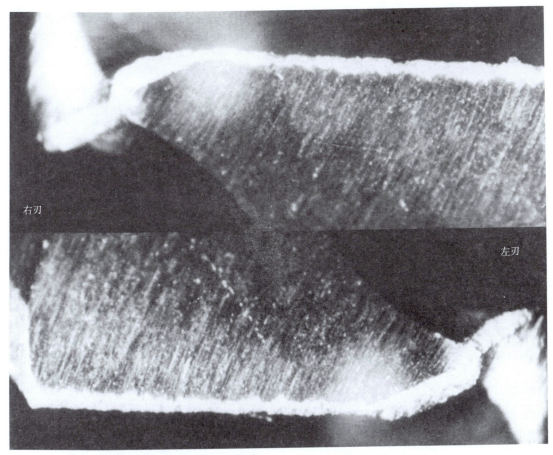

右刃

左刃

▲ 加工了40个孔后钻头切削刃的损伤（之后对钻头进行机械式修磨和珩磨）

◀修磨完成后对切削刃进行珩磨

例16 用硬质合金麻花钻进行深孔加工
（船外机械零件的孔加工）

工件材料：SUS27（HS28）
加工机械：专用机床
工　　具：φ16 × 450 × MT2
条　　件：转速　　　600r/min
　　　　　切削速度　30m/min
　　　　　进给量　　0.15mm/r
　　　　　加工深度　240mm

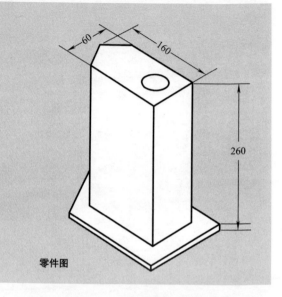

零件图

●结果

过去都是先用 HSS 的长钻头开出孔，再用空心钻加工两次，最后用铰刀进行精加工。现在使用前端为整体的硬质合金钻头，只加工一次即可进行最后的铰刀精加工。

●总结

由于孔的深度约为 240mm（钻头直径的15～16 倍），是相当深的孔，所以应使用导向套筒，钻到 50mm 的深度后，进行 15mm 深的台阶加工，这时候加工出来的孔尺寸公差很大。此时可在 HSS 刀杆的前端钎焊上硬质合金刀片，对切削刃进行修磨，做出二段

的前角。用这样的整体硬质合金钻头来加工，切屑的圆弧半径比以前小，排出性能好。虽然进给量和以前的相同，但只进行一次加工就可使孔的公差达到 0.15mm 以内。

▲二段前角

158

例17 针对难切削材料的特殊钻头
（高锰钢板的孔加工）

工件材料：高锰钢（HS35）
加工机械：摇臂钻床
工　　具：φ10×196×MT3（微合金）
条　　件：转速　　　160r/min
　　　　　切削速度　5m/min
　　　　　进给量　　0.07mm/r
　　　　　加工深度　30mm
　　　　　切削液　　使用

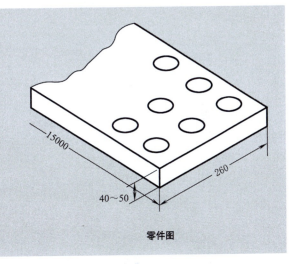

零件图

● 结果

　　过去都是用HSS的钻头来加工，但是加工起来非常困难，而且合格率非常低。现在可以用在HSS的钻头头部加微合金的"H"刃的钻头，如图所示。

● 总结

　　在对这种材料进行加工时，如果切削途中停顿一下，材料就会因为切削热而硬化。再在刚才停顿的地方继续钻削时，切削刃就会在已被硬化的表面打滑，不能承受进给力而发生缺损。

　　要解决这个问题就必须尽可能地把切削刃磨得锋利，还要让切屑的弯曲半径更小，所以把切削刃设计成特殊的形状("H"钻头)。为了减弱钻头前端的抖动，要同时使用导向套筒。

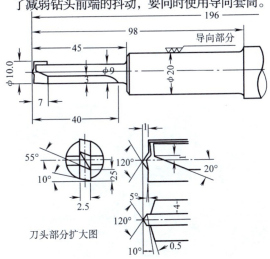

刀头部分扩大图

▲ 加微合金的"H"刃的钻头

159

例 18 枪管钻的使用实例
(汽车零件的斜孔加工)

工件材料：SCM4（HS35）
加工机械：枪管钻专用机床
工　　具：$\phi 6 \times 350 \times 19.05$（G2F）
条　　件：转速　　　4200r/min
　　　　　切削速度　80m/min
　　　　　进给量　　0.05mm/r
　　　　　切削深度　50～100mm

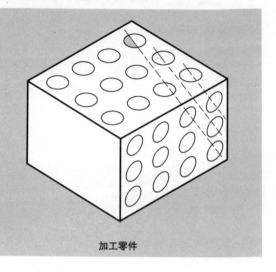

加工零件

●结果

　　过去都是用 HSS 麻花钻来进行钻孔加工的，在使用枪管钻后，孔的精度提高，钻头的寿命延长，达到了削减费用的效果。

●总结

　　要想有效地使用枪管钻，必须使油压和油量保持一定的关系。特别是如果油压过低，切屑就会滞留在管道里，成为造成刀具损坏的原因，必须注意这一点。

▲枪管钻专用机床

▲用于斜孔加工的导向套筒

160